# 最美医院

《室内设计》中文版　主编

华中科技大学出版社
http://press.hust.edu.cn
中国·武汉

**图书在版编目（CIP）数据**

最美医院/《室内设计》中文版主编 . – 武汉：华中科技大学出版社，2023.6
ISBN 978-7-5680-9502-0

Ⅰ . ①最… Ⅱ . ①室… Ⅲ . ①医院 – 室内装饰设计 – 世界 – 图集 Ⅳ . ① TU246.1–64

中国国家版本馆 CIP 数据核字 (2023) 第 090070 号

**最美医院**
ZUIMEI YIYUAN

《室内设计》中文版 主编

出版发行：华中科技大学出版社（中国·武汉）                电话：（027）81321913
　　　　　武汉市东湖新技术开发区华工科技园              邮编：430223
出版人：阮海洪

策划编辑：段园园                                          版式设计：张一
责任编辑：段园园                                          责任监印：朱玢

印　　刷：北京美惠印刷厂
开　　本：889 mm×1194 mm　1/16
印　　张：21.5
字　　数：206 千字
版　　次：2023 年 6 月 第 1 版 第 1 次印刷
定　　价：320.00 元

投稿方式：13710226636（微信同号）
本书若有印装质量问题，请向出版社营销中心调换
全国免费服务热线：400-6679-118 竭诚为您服务
版权所有　侵权必究

Beautiful Hospitals

最美医院

ID 医院设计指南

前言
# Preface

INTERIOR DESIGN | FORMICA

**特别鸣谢 富美家对本书出版的支持**

## 见证医疗设计的前沿

2023 年春节，全国人民终于告别 3 年疫情的阴霾，迎来了一个崭新的春天。由《室内设计》中文版主编的《最美医院》也在历经一年打磨后，顺利完成编辑工作。这本 344 页的图书，既可以看作是一次对近几年"医疗"空间设计成果的总结，也可以看作是一次对未来设计趋势抛砖引玉地探讨。

在组稿过程中，我们广泛地联系了在医疗设计领域业绩突出的国际国内知名设计公司近 50 家，经筛选最终选择了 30 家设计公司的 45 件优秀作品。作品类别涵盖综合医院、专科医院、康复医院、体检中心、妇幼医院、医美及口腔医院，项目规模大的几十万平方米小的几百平方米。项目地点遍布全国各地，书中还收录了少量海外医疗项目。

在选题之初，我们就将"最美"作为书的核心词。那么对于一所医院来说，何为"最美"？在大众眼中，医院始终难以摆脱"严肃、压抑"的负面印象，与美好相关甚微。然而，当编辑们拿到项目图片时，不免惊喜，项目超乎想象——如果不透露给观者，谁会把这些环境优美、设计考究的空间与"面孔严肃"的医院联系起来呢？！通过设计的语言，设计师为我们创造出更多的健康体验方式，功能专业、材料安全、色彩时尚、灯光舒适、绿荫环绕、引导也更清晰——不仅美在外观，而且美到心里。

除了视觉、氛围上的突破，这些项目在设计上还体现出高度的专业性。众所周知，互联网及 AI 技术已经广泛地进入了各个领域，医疗领域的新科技和新材料与患者的体验感有最直接的关联。从就诊流程的优化，到功能空间的设计，再到实验室、手术室、检查室、病房等功能性空间，其中的专业性不言而喻，而新功能和新设备的融入为设计师们提出了更高挑战。与此同时，行业的变革也体现在集团协作上，大型综合医院的设计和建设融入了众多设计企业的协作成果，模块化设计为快速施工带来可能；在小而美的诊所中，对于体验感和艺术性的探索也为行业带来了全新的看点。

当人们普遍把健康作为"幸福"的重要指标时，为大众带来体验身心健康的"医疗"空间的属性也在发生着日新月异的变革—— 融入自然，在拥有自然属性的空间中完成身心修复。于《室内设计》而言，《最美医院》的出版过程也是一个不断学习地过程。在图书地编辑过程中，我们一方面感叹行业的进步，另一方面也在为国家医疗事业取得的成果感到深深地自豪。在此，要感谢对本书给予专业支持的诸多医疗及设计企业，同时特别感谢富美家品牌从设计和功能性两方面对行业的助力。让我们一起见证《最美医院》的诞生！

《室内设计》中文版

2023 年 4 月

目录
# Contents

## 综合医院

**中国中元国际工程有限公司**

中国中元国际工程有限公司(简称中国中元)隶属于中国机械工业集团有限公司,成立于 1953 年,是全国首批工程设计综合资质甲级单位。经过近 70 年的砥砺前行,中元医疗设计走出了一条专业化、综合化、多元化相结合的发展之路。中元建筑环境艺术设计研究院(简称环艺)已完成建筑室内设计项目近千余项,获得国家级及省部级奖项百余项。在国内医院室内设计行业中处于领军地位。

**设计公司代表作品**:泰康前海国际医院、青岛万达英慈国际医院、北京安贞医院通州院区、北京协和医院门诊楼、中国人民解放军总医院海南医院、北京友谊医院、北京新世纪妇儿医院、河北中西医结合儿童医院、唐山市妇幼保健院、北京积水潭医院新龙泽院区。

**中国中元**

# 北京积水潭医院新龙泽院区

编辑:**王戈**  设计:**中国中元国际工程有限公司**  摄影:**金伟琦**

# Beijing Jishuitan Hospital

"以患者为中心",让患者拥有更好的就医体验。

项目基本信息
**项目名称:** 北京积水潭医院新龙泽院区
**项目地点:** 北京,昌平
**项目面积:** 140 000 m²
**设计时间:** 2016 年 2 月－2017 年 7 月
**完工时间:** 2021 年 7 月

设计单位
**设计公司:** 中国中元国际工程有限公司
**主创设计师:** 陈亮、张凯、张晋、俞劼、吴漫、刘丹、代亚明、叶星、陈梦圆、张娜、田浩、郑京阳
**陈设设计:** 中国中元国际工程有限公司

其他信息
**材料:** 石材、水磨石、树脂板、铝板、木纹覆膜金属板等

北京积水潭医院新龙泽院区位于北京市昌平区龙域环路38号院,建筑面积14万平方米,是集医疗、教学、科研、保健、康复、急救为一体的现代化三级甲等综合医院。

整个空间延续建筑简洁大气的设计风格,以曲线作为设计元素。本项目设计着重考虑提升使用者的工作效率和患者体验,充分体现了"以患者为中心"的理念,致力于实现临床医生及患者在共享空间中协同诊治,既提高了治疗效率,又使患者获得了较好的就医体验。

门诊大厅,阳光借助椭圆形玻璃顶面,投射到大厅,各种低落的心情瞬间被治愈。带有曲面的锤片也避免了玻璃的直接照射,使空间在不同时段出现不同层次的效果。

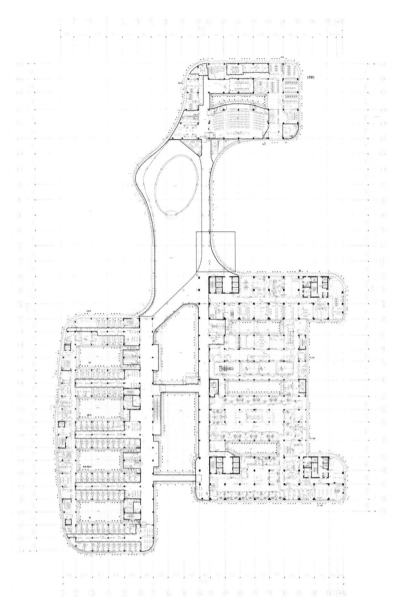

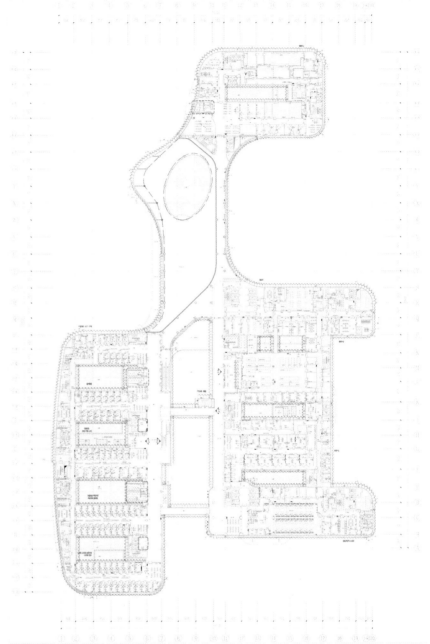

打造建筑、室内、景观一体
化综合医院。景观作为室内的
一部分，为医疗环境注入活力
和生机。观赏自然风光的巨大
落地窗，使医院仿佛融入周边
的自然环境中，建立起医疗环
境和用户情感需求的关联。中
庭保持了空间畅通，借助艺术
装饰增强了人们和医院的互动。

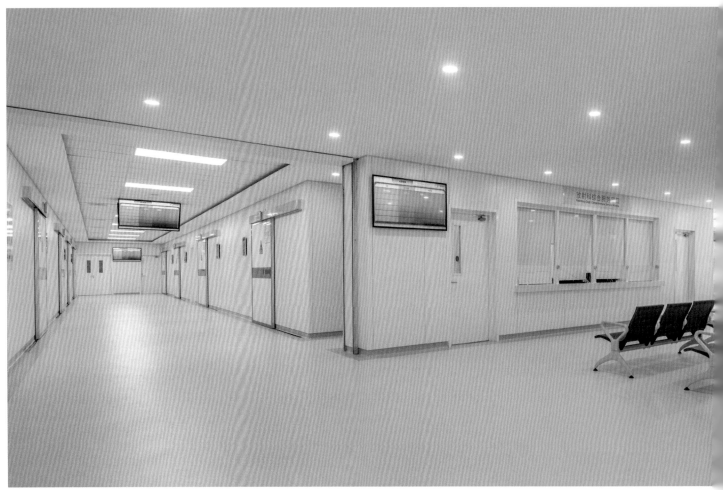

富美家®抗倍特®洁菌板 0933
正白 Mission White
应用区域：走廊墙面

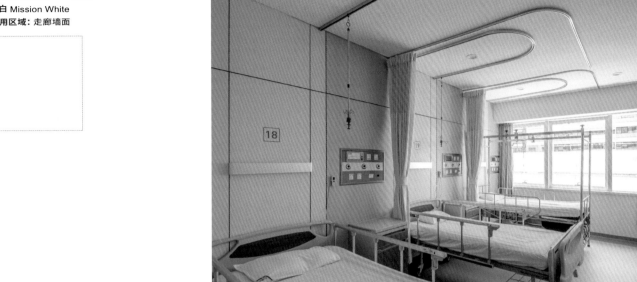

地下餐厅的室外设置了下沉式景观，打破室内外的界限，增加了生机与活力。在各个区域都设置了能够进入的室外庭院，以舒缓患者及陪同人员的紧张情绪。

设计用色彩塑造了鲜明的空间风格。丰富的空间色彩，自带抚慰人心的神奇力量，避免了信息模糊、空间混乱、环境单调等问题。同时，这种简洁的装饰手法也达到了控制造价的目的。

在材料选择上，大厅及中庭区域顶面采用穿孔铝板及铝板相结合的方式，局部运用木纹转印铝板作为点缀，既能够降低中庭空间混响和噪声，消除患者及医护人员的烦躁情绪，又不失单一空间的温馨感。墙面采用仿石材纹理的陶瓷薄板，避免了石材带来的辐射影响，也能够达到预期的设计效果。地面圈边运用艺术水磨石，此材料解决了地面对缝的问题，包括弧形幕墙立框与地面的对缝以及地面风口与地面对缝的关系，减少了弧形地面边缘带来的大量石材损耗，并且没有打蜡的成本，降低了维护费用。↵

**北京五洲环球装饰工程设计有限公司**

北京五洲环球装饰工程设计有限公司（简称五洲环球装饰）是一家以建筑装饰装修设计、施工、陈设艺术为主，机电安装、智能化工程为辅的集团化公司。五洲环球装饰专长于地产空间、办公空间、酒店空间、商业综合体、医疗养老、展览展陈、家具、陈设艺术等领域的设计与施工服务，服务范围完整覆盖从咨询、规划、设计及施工到项目最终交付的整个项目生命周期。

**王俭林 JianLin Wang**
五洲环球装饰 医疗总监

**个人代表作:**南昌大学第一附属医院象湖新城分院、天津医院改扩建工程、吉林大学第一医院扩建工程二期外科病房楼、山东省济宁市中医院新院区项目、西安天皓口腔医院、哈尔滨顺迈医院室内装饰设计。

# 南昌大学第一附属医院 象湖新城分院（一期）

编辑:**蓝山**　文、设计:**北京五洲环球装饰工程设计有限公司**　摄影:**唐威工作室、王俭林**

# The First Affiliated Hospital of Nanchang University (Xianghu New Town,I)

通过彼此间的信任、忠诚与合作，为客户提供始终如一的高品质服务。以心造境，以境达人，境通人和——让空间拥有生命。

项目基本信息
**项目名称:** 南昌大学第一附属医院象湖新城分院（一期）
**项目地点:** 江西，南昌
**建筑面积:** 建筑面积 44.18 万 m²
**床位数:** 3200 张
**设计时间:** 2018 年 7 月
**完工时间:** 2020 年 5 月

设计单位
**建筑设计:** 悉地（北京）国际建筑设计顾问有限公司
**室内设计公司:** 北京五洲环球装饰工程设计有限公司
**设计主持:** 王俭林

其他信息
**项目主材:** 抗倍特板、地砖、人造石、装饰高压面板、乳胶漆、矿棉吸音板、PVC 地胶

INTERIOR DESIGN CHINA

南昌大学第一附属医院是江西省规模最大、实力最强的综合性三级甲等医院。新院区位于南昌市象湖新城区,是集医疗、教学、科研、急救、预防保健和老年人养护于一体的超大型综合医院,也是目前国内整体规划新建的规模最大的三级甲等医院之一。

　　在本案的设计中,设计师追求以人为本的人性化设计理念,力图创造一个亲切和谐、回归社会、回归自然的空间形式,为患者提供一个兼具医学治疗和心理康复功能的温馨环境,打造更为有效的医院治疗空间,让患者来到这里如回归自然,回到家中一样亲和。

　　对于设计格调,设计师定位为"高雅、朴素、简洁、明快"。这个定位准确体现了医院的风格特点,是设计必须遵守的根本理念。

　　医院的装饰设计与常规的装饰设计在概念上有很大的不同,这直接决定了装饰风格和装饰材料的选择问题。通常的装饰装修工程往往追求豪华的档次、高级的装饰材料以及奢华的效果,而医院装饰设计最基本的要求和出发点是为医疗和患者康复创造一个和谐、舒适和洁净的环境,因而,医疗建筑的室内设计更加注重功能性,在装修风格上也力求避免张扬,而以简洁、清爽为基本格调。

由于医院人员比较密集，是人流量较大的公共空间，因此设计也必须与这个特点相适应——以明快的色调和较好的采光效果，确保空间的流畅和交通便捷，使患者用最快的速度到达要去的科室。明快的设计风格可以避免不必要的视觉干扰，提高空间效率，确保医疗功能的主导地位。

富美家®抗倍特®洁菌板 6903
醋栗紫 Cassis
应用区域：就诊大厅墙面

富美家®抗倍特®洁菌板 2567
红山毛榉(山) Copper Beech New
应用区域：公共走廊墙面

富美家®抗倍特®洁菌板 0932
荷花白 Antique White
应用区域：公共走廊墙面

富美家®抗倍特®洁菌板 8210
金针花 Levante
应用区域：公共走廊墙面

**富美家®抗倍特®洁菌板 4177**
**莱姆 Lime**
**应用区域:** 护士站背景墙

**富美家®抗倍特®洁菌板 3300**
**希腊天蓝 Grecian Blue**
**应用区域:** 卫生间墙面

现代装饰除了提供最佳的功能设施,还注重人的体验和精神享受,因此,在重点空间和重点部位引入具有鲜明文化特色的设计,创造高雅的环境氛围,也可以体现医院的品味和服务质量,也是设计中必不可少的要素。

**瑞士瑞盟**

瑞士瑞盟 Lemanarc 总部位于瑞士洛桑，在瑞士苏黎世和中国上海设有办公室，是瑞士顶尖设计事务所之一，也是瑞士最重要的国际医疗设计公司，专业为医疗养老项目提供综合、全程、互动、远见的策划、设计、国际医疗导入、国际合作交流、管理运营等服务。

**张万桑 Vincent Zhang**
瑞士瑞盟设计首席建筑师
中国医学装备协会医院建筑与装备分会建筑规划设计学组副主任委员
全国医院规划设计方案评审／评价专家委员会专家

**代表作:**南京鼓楼医院、上海市东方医院、南京市公共卫生医疗中心、厦门弘爱医院、南京浦口新城医疗中心、厦门弘爱妇产医院、瑞士艾格勒康养综合服务中心、广元市中心医院医养结合项目(医疗中心)、医养结合产业园、沪东区域医疗中心、济宁市公共卫生医疗中心、南安市医院新院区、无锡医疗健康产业园(无锡市妇女儿童医疗保健中心)。

# 厦门弘爱医院

编辑:**蓝山**　文:**张万桑**　设计:**瑞士瑞盟Lemanarc**　摄影:**夏强**

# Xiamen Humanity Hospital

承载细致服务的医疗空间。

项目基本信息
**项目名称:** 厦门弘爱医院
**项目地点:** 福建，厦门
**建筑面积:** 330 000 m²
**建筑层数:** 23 层
**床位数:** 1380 张
**设计时间:** 2015 年 6 月
**完工时间:** 2018 年 10 月

设计团队
**室内设计公司:** 瑞士瑞盟设计
**主创设计师:** 张万桑
**设计团队:** Daniel Pauli、Thomas Florian、王晔

其他信息
**客户:** 厦门仁爱医疗基金会
**项目投资:** 20 亿人民币

从动线到动线空间。通常医疗建筑的动线往往是生硬的通道,而厦门弘爱医院的室内设计将传统医疗建筑中生硬的通道转化为充满服务与活力的各类细致服务空间。

服务型空间。通过对服务型家具、服务型空间的模块化设计,推动医疗建筑逐步生长为服务的载体。建筑内部空间为多达一百多项的细致入微的服务家具预留了场所。中心采光厅的四周被设计成各类服务型的空间,每一条本来简单的走道都被创造为可以让人们停下来享受服务乐趣的一个个优美节点。

空间承载着识别。简约且活跃的色彩配置创造出简明轻快的疗愈空间。标识系统在室内设计之初就被提前以建筑空间与构建的方式予以设计与贯彻。一切色彩和形体都以人的识别与愉快体验为目标。

细致的建筑立面。基于模数的梳理与重构，以细致的水平向折动的线条，将三十多万平方米的众多大楼联系起来，形成能提供丰富韵律体验的整体空间。

文化与艺术。如果说白色传承着厦门阳光海岸的精神，那么木色则体现出这里造船与制造家具的传统。温暖的木质在暖中性的灰色与白色底图中被韵律化地呈现出来，在表达关爱的同时，也更加反衬出医疗文化自身的宁静与温馨。

基于造价控制。室内设计重新梳理了整体建筑的模数，并将模数化、模组化的设计理念逐步落实到建筑内部的所有细部。从标准化用材到细部的分缝都贯彻着模数和标准尺寸的设计思想，从而通过标准化采购为建筑节省了大量费用。

高效的设计与建造。从设计到竣工为时仅两年，这既保障了项目从投资到运营到回报的高效，又为未来医院在运营中的生长和细化预留了各种空间。◢

**富美家®抗倍特®洁菌板 0932**
**荷花白 Antique White**
应用区域：公共区域墙面

**富美家®装饰高压面板洁菌板 7012NT**
**琥珀枫木(山) Amber Maple**
应用区域：体检区墙面

**Alex Wang**
AIA, LEED AP BD+C
美国 HKS 建筑设计公司董事合伙人、Principal 大中华区医疗总监

**代表作:** 成都医投华西国际肿瘤治疗中心(重离子质子)、深圳市质子肿瘤治疗中心、中山大学附属第七医院(深圳)二期项目、中国上海瑞金医院医疗规划及空间规划设计项目、北京安贞医院通州院区、北京市支持河北雄安宣武医院总体规划、北京市支持河北雄安新区建设医院项目一期、北京市支持河北雄安新区建设医院项目二期、合肥京东方医院、中山大学肿瘤防治中心、中国台湾大学医学院癌医中心医院、北京爱育华妇儿医院、广州泰和肿瘤医院、苏州高新区人民医院二期等。

# 泰康同济（武汉）医院

编辑：**蓝山**    文：**唐斌、冯炎、徐林昊、宋海珍**    设计：**美国HKS建筑设计公司**    摄影：**Black Station**

# Taikang Tongji(Wuhan) Hospital

以水流为灵感，为医院创造了一种基于运动和连续性概念的空间。

项目基本信息
**项目名称：** 泰康同济（武汉）医院
**项目地点：** 湖北，武汉
**建筑面积：** 276 539 m²
**建筑层数：** 地上 17 层，地下 2 层
**床位数：** 1328 张
**设计时间：** 2016 年 10 月－ 2018 年 3 月
**完工时间：** 2020 年 4 月

设计单位
**建筑设计：** 美国 HKS 建筑设计公司
**室内设计：** 美国 HKS 建筑设计公司
**施工图单位：** 弘高设计
**项目负责人：** Alex Wang
**设计团队：** Preston Bennet、Dan Luhrs、Ana Pinto-Alexander、Chenyue Yuan、宋海珍、徐林昊、Ching-Ya Yeh、Younghui Han、唐钧、林佳佳

其他信息
**业主：** 泰康健康产业投资控股有限公司
**材料：** 阿姆斯壮矿棉板、金属天花板、玻化墙面砖、抗倍特板、艺术树脂板、艺术抗菌墙布、PVC 卷材地板、橡胶卷材地板、玻化地板砖、定制艺术地毯

外在的环境实质上不仅影响着患者及家属的就诊经验,更会对所居住社区的居民产生巨大影响。泰康同济(武汉)医院如同一座灯塔,引领着人们走向健康。

在泰康同济(武汉)医院室内设计项目中,设计团队对于医院舒适度的追求贯穿医院内部空间,这种舒适体验始终伴随在用户的左右。建筑本身受到自然设计秩序的影响,以提供清晰的结构和平和的环境。通过现代科技的整合,循证设计的原则和由自然的颜色、图案和纹理启发的材料搭配相辅相成,从而创造出一个真正能让人治愈的环境。

泰康同济(武汉)医院的灵感源于"水"的多相性。项目处处可见的水流塑造寓意着渗透到我们生活中点点滴滴的"水"。

空间中的人文生活轨迹犹如水流随景观延展开来,蜿蜒盘旋,急流勇进,留下属于自己的痕迹。基于人类行动轨迹与环境之间不断的相互作用,医院创造了一种基于运动和连续性概念的体验。这个空间如同一个流域,内外之间的概念障碍消失了——建筑物的内部是一个水流的景观,平滑且温润;大厅汇集所有公共活动的"流动",如等待、信息服务等行为在水的"侵蚀"和"沉淀"的过程中涌现。

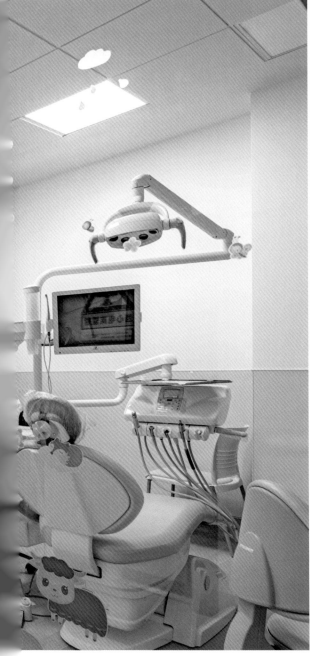

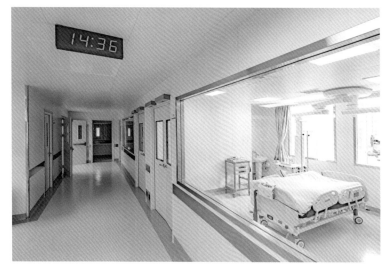

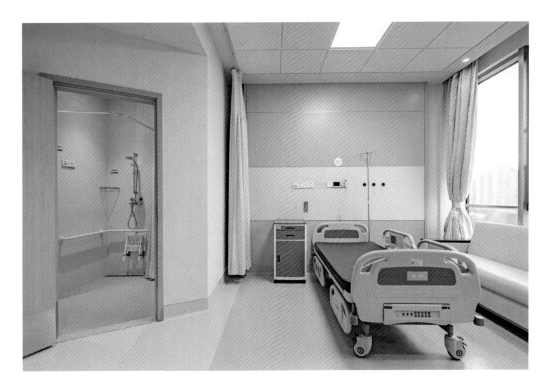

**富美家®抗倍特®洁菌板 0958**
浅蛋壳色 Beige
应用区域：病床背景墙面

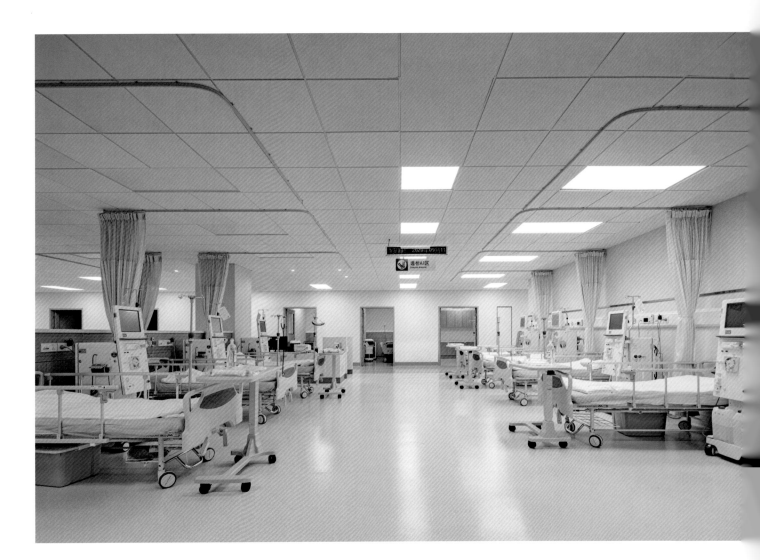

医院的室内设计遵循可持续发展的设计原则和当地的选材标准。根据不同的动线流量使用度，恰当地应用软质和硬质的材料，以及使用耐用和防磨损的弹性涂层，能够保证未来很长时间内医院设计的完整性。内部的建筑能够最大化地与外部的自然景观相结合，同时将积极的信息传递给公共空间、等候室和病房的每一个用户。室内的选材色调与外部的花园相呼应，将景观的颜色与纹理拉入内部空间，创造出一个宁静且治愈的环境。

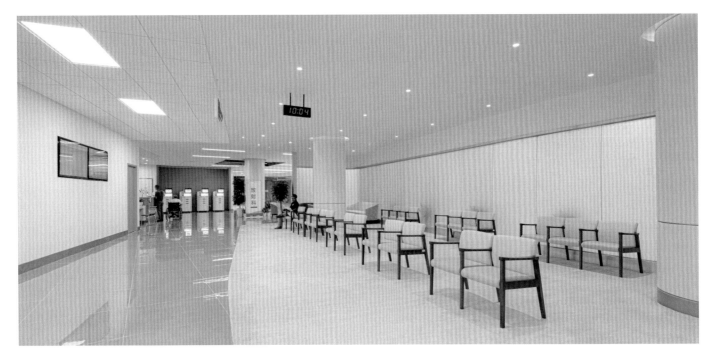

**瑞士瑞盟**
瑞士瑞盟 Lemanarc 总部位于瑞士洛桑，在瑞士苏黎世和中国上海设有办公室，是瑞士顶尖设计事务所之一，也是瑞士最重要的国际医疗设计公司，专业为医疗养老项目提供综合、全程、互动、远见的策划、设计、国际医疗导入、国际合作交流、管理运营等服务。

**张万桑 Vincent Zhang**
瑞士瑞盟设计首席建筑师
中国医学装备协会医院建筑与装备分会建筑规划设计学组副主任委员
全国医院规划设计方案评审 / 评价专家委员会专家

**代表作：**南京鼓楼医院、上海市东方医院、南京市公共卫生医疗中心、厦门弘爱医院、南京浦口新城医疗中心、厦门弘爱妇产医院、瑞士艾格勒康养综合服务中心、广元市中心医院医养结合项目（医疗中心）、医养结合产业园、沪东区域医疗中心、济宁市公共卫生医疗中心、南安市医院新院区、无锡医疗健康产业园（无锡市妇女儿童医疗保健中心）。

# 南京鼓楼医院

编辑：**蓝山**　文：**张万桑**　设计：**瑞士瑞盟Lemanarc**　摄影：**夏强、陈尚辉**

# Nanjing Drum Tower Hospital

闹市中的医疗之岛，也是向每个市民开放的治疗花园。

项目基本信息
**项目名称：**南京鼓楼医院
**项目地点：**江苏，南京
**占地面积：**37 900 m²
**建筑面积：**230 000 m²
**床位数：**1600 张
**设计时间：**2003 年 -2010 年
**完工时间：**2012 年 12 月

设计团队
**建筑设计：**瑞士瑞盟设计
**室内设计公司：**瑞士瑞盟设计
**主创建筑师：**张万桑
**医疗功能规划及医疗流程设计：**张万桑、Daniel Pauli、马戎
**其他团队成员：**Anja Schlemmer、Rolf Demmler、Dirk Weiblen、Bjorn Anderson、Dagma Nicker、崔晓康、冒钰
**中国甲级设计院：**南京市建筑设计研究院有限责任公司
**土建施工总承包：**中铁建工集团有限公司
**工作内容：**规划设计、医疗功能规划、医疗流程设计、建筑方案设计、建筑初步设计、室内方案设计、景观方案设计

其他信息
**客户：**南京鼓楼医院
**项目投资：**16 亿人民币

南京鼓楼医院南扩项目位于南京市中心地区,基地面积为 37 900m²,总建筑面积达 230 000m²,是集住院、门诊、急诊、医技、学术交流等为一体的综合性医院扩建项目。2003年开始设计,2012年竣工运营。

灵感源于中国传统文化中对医院一词的解释。西方语言中源自拉丁文的 Hospital 一词最初意思是召集客人,而在中国传统文化中,"医院"就是"医疗的院落"。花园是外部世界与家的界限,走进了花园也就隔绝了外部世界的烦扰,身心便得以放松。将医院花园化,不仅让患者具有感官上的美感,更重要的是带给人心灵的抚慰。

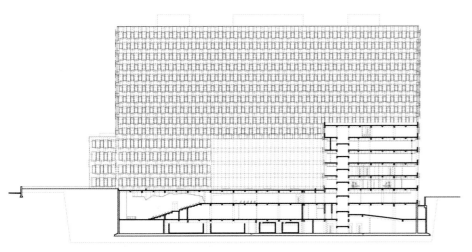

0  5  10  20

4-4 Section
4-4剖面 1:1000

从 6 个大庭院,到 30 余个采光井,再到每扇窗前的一抹绿色,花园渗透到建筑的每个细部。设计者将传统意义上的花园解构为细小的单位,编织成建筑的表皮肌理,整个系统"立体而丰满",使医院成为花园的载体。

医院是现世和彼世间的连接点,是生命起始与终结之所。

南京鼓楼医院是 1892 年由传教士建立的教会医院,设计者试图回归这段历史,简洁纯净的设计让医院如教堂一般,成为与信仰沟通的场所。大量庭院、采光井以及层叠通透的花园立面保障了空间充足的自然光照,给人宁静安详的抚爱,处处充盈着"教堂般"的诗意。

乳白色的磨砂玻璃,则在

解决室内采光问题的同时将阳光过滤得更为柔和。针对南京地区夏季闷热的气候特点,立面设置侧向的通风,有效带走表皮积热,大幅降低了能耗,成为名副其实的绿色节能医院。

模组化设计既合理分配了内部医疗功能,又方便了医院在运营中的调整。由模组化设计带来的批量标准采购使得结算造价最终控制在每平方米5300元,成为当代较为节省造价的医院设计典范。

南京鼓楼医院是闹市中的医疗之岛,也是向每个市民开放的治疗花园。

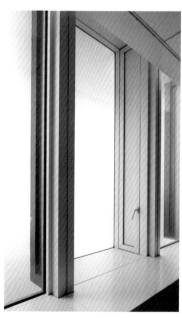

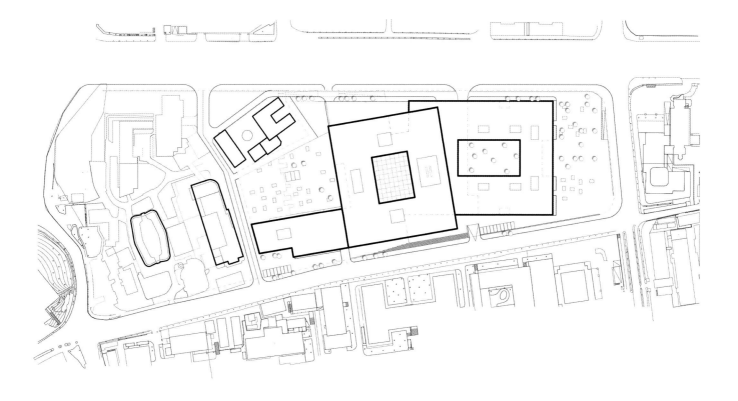

**华东建筑集团股份有限公司**
**上海现代建筑装饰环境设计研究院有限公司**

华东建筑集团股份有限公司上海现代建筑装饰环境设计研究院有限公司（以下简称：环境院）是华东建筑集团股份有限公司旗下的子公司，成立于1999年，是上海首家以"环境设计"冠名的从事室内外环境设计的专业化企业。成立至今，环境院完成了国内外各类大型、高端、具有重大影响力的公共空间室内及景观项目达千余项，获得全国及上海市的各类设计奖300多项（次）。

*设计公司代表作：上海中医药大学附属岳阳中西医结合医院青海路门诊南楼、哈佛新华医院创新合作中心、上海医谷医院项目门急诊医技综合楼、复旦大学附属中山医院厦门医院、同济大学附属上海市第四人民医院、海南西部中心医院、国家呼吸医学中心可视化智慧门诊。*

# 上海远大健康城
# 上海医大医院

编辑：**蓝山**　设计：**华东建筑集团股份有限公司、上海现代建筑装饰环境设计研究院有限公司**　摄影：**胡文杰**

# Shanghai Yuanda Health City
# Shanghai Yida Hospital

打破传统思维，用科技和互联网思维为综合医院赋能。

项目基本信息
**项目名称：** 上海远大健康城－上海医大医院
**项目地点：** 上海
**建筑面积：** 197 000 m²
**设计时间：** 2019年12月－2021年9月
**完工时间：** 2021年11月

设计单位
**建筑设计：** 上海浚源建筑设计院有限公司
**室内设计公司：** 华东建筑集团股份有限公司、上海现代建筑装饰环境设计研究院有限公司
**主创设计师：** 王传顺、焦燕、朱伟、李涛、金喆、蔡聪烨
**陈设设计：** 华东建筑集团股份有限公司、上海现代建筑装饰环境设计研究院有限公司

其他信息
**材料：** PVC、瓷砖、同质地砖、釉面涂料、无机涂料、彩色防火板等

上海远大健康城-上海医大医院项目建设用地共计约 164 682.49 m²，项目建设两所综合性医院，目前其中一所占地面积为 117 412.49 m²，建筑面积为 197 000.00 m²，为设置 2000 张床位的三级非营利性综合医院。

本案以"围合"为设计主题，寓意家和、圆满、博爱。设计元素采用方盒之形，一层北大厅的设计突破常规思维，汲取互联网式设计理念，将 BOX 元素贯穿大厅空间中，通过色彩、大小的对比使空间的科技感进一步增强。每一个护士站大厅都采

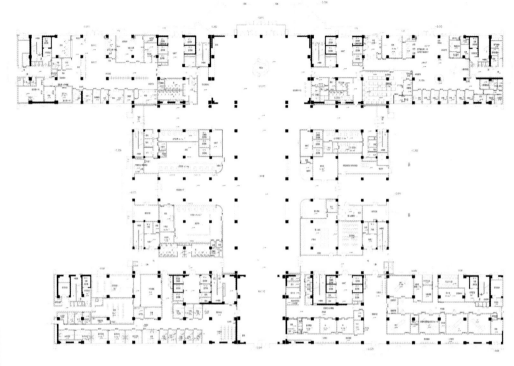

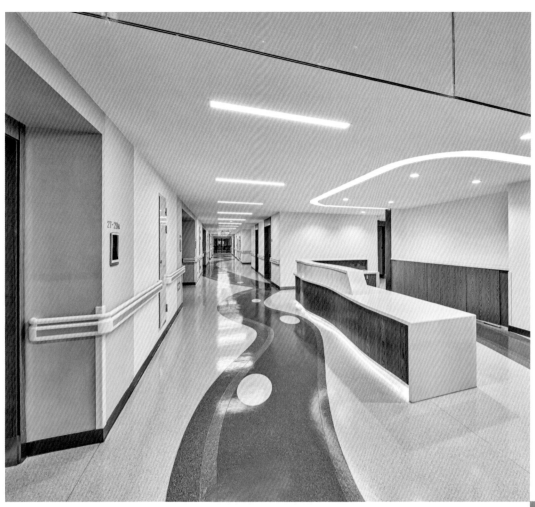

用倾斜、旋转、不同自然景色等强烈的视觉艺术方式去塑造新颖、独特、有吸引力的室内空间效果，并且用不同色系来区分科室，用色彩来讲述故事，令人耳目一新并为之欣喜。如此用色，既营造温馨惬意、宁静舒适的环境，又可起到功能区域划分和指向性的作用。

上海医大医院的家具软装设计别具一格，服务台设计科技感十足。暗藏灯带、背发光字体以及 GRG 灵活运用，整体选择新型材料，首次打破了医院传统设计思维，将大量用于地面的 PVC 材料，改为造价低、耐摩擦、易清洁的防滑同质地砖系列，既环保安全，又体现出色彩图案的不同饰面肌理。新工艺同样也在室内空间设计上得到充分的展示，让视觉艺术、材料、色彩、标识之间达到高度契合。室内设计风格与建筑相呼应，构筑现代简洁、温馨、新颖、有亲和力的国际化医疗空间。

该项目造价低、效果佳，完成后业主很满意，同时也得到了医疗行业和社会大众的好评。⌐

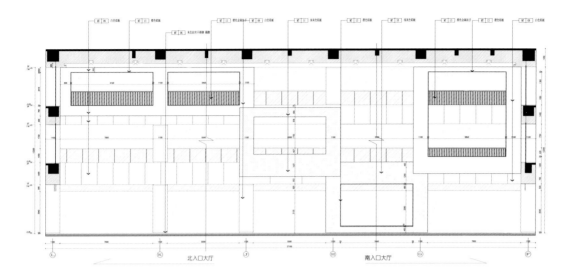

北入口大厅    南入口大厅

④ 一层门诊中厅立面4
比例：1:60

**Alex Wang**

AIA, LEED AP BD+C

美国 HKS 建筑设计公司董事合伙人、Principal 大中华区医疗总监

*代表作:* 成都医投华西国际肿瘤治疗中心(重离子质子)、深圳市质子肿瘤治疗中心、中山大学附属第七医院(深圳)二期项目、中国上海瑞金医院医疗规划及空间规划设计项目、北京安贞医院通州院区、北京市支持河北雄安宣武医院总体规划、北京市支持河北雄安新区建设医院项目一期、北京市支持河北雄安新区建设医院项目二期、合肥京东方医院、中山大学肿瘤防治中心、中国台湾大学医学院癌医中心医院、北京爱育华妇儿医院、广州泰和肿瘤医院、苏州高新区人民医院二期等。

# 京东方合肥医院

编辑:**蓝山**　文:***Alex Wang、宋海珍、邵付涛***　设计:**美国HKS建筑设计公司**　摄影:***Black Station***

# BOE-Hefei Hospital

将来自自然的福音贯穿医院的每个房间,为社区和病患带来耳目一新的体验。

项目基本信息
**项目名称:** 京东方合肥医院
**项目地点:** 安徽,合肥
**建筑面积:** 194 000 m²
**建筑层数:** 地上 17 层,地下 2 层
**床位数:** 1 000 张
**设计时间:** 2016 年 1 月–2018 年 3 月
**完工时间:** 2019 年 2 月

设计单位
**建筑设计:** 美国 HKS 建筑设计公司
**室内设计:** 美国 HKS 建筑设计公司
**施工图设计单位:** 中国电子工程设计研究院有限公司
**项目负责人:** Alex Wang
**设计团队:** Leslie Fishburn、Diana Tang、Mo Stein、Sidney Smith、Lynda Kuo、叶庆亚、许豪哲、余伟琪、宋海珍

其他信息
**业主:** 京东方科技集团股份有限公司
**材料:** 矿棉板天花、京东方灯具、艺术发光膜天花、大理石纹玻化砖墙面、木纹抗倍特板、彩釉玻璃、人造石台面、云母石发光装饰板、装饰壁纸、PVC 卷材地板、橡胶地板、玻化地板砖

京东方合肥医院以"自然之道"为设计理念,将来自自然的"福音"贯穿医院的每个房间,从而为社区和病患及家属带来耳目一新的体验。

如同建筑形体设计遵循自然法则中经典的几何比例,HKS团队的室内设计理念亦采用了同样的原则。采纳这种自然界存在的图形,使之成为有系统的组织基础,不但简化了病患的就医体验,而且为他们提供了舒适、简明的治愈环境。一体化高科技促成了高效的疗愈环境。它将花园元素引入室内,并兼顾来自自然灵感的色彩、图案与纹理。

项目采用可持续性和本地

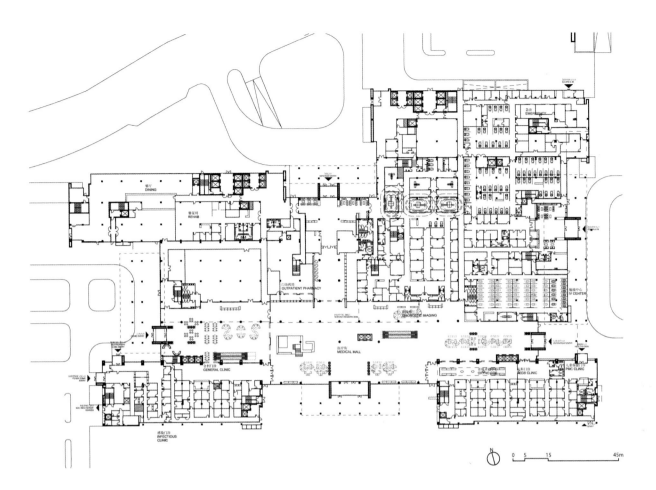

餐厅 DINING
康复科 REHAB
门诊药房 OUTPATIENT PHARMACY
急诊 EMERGENCY
输液中心 IV CENTER
影像科 IMAGING
医疗街 MEDICAL MALL
普通门诊 GENERAL CLINIC
骨科门诊 ORTHO
儿童保健门诊 PEDS CLINIC
PMC CLINIC
感染门诊 INFECTIOUS CLINIC

N    0  5   15        45m

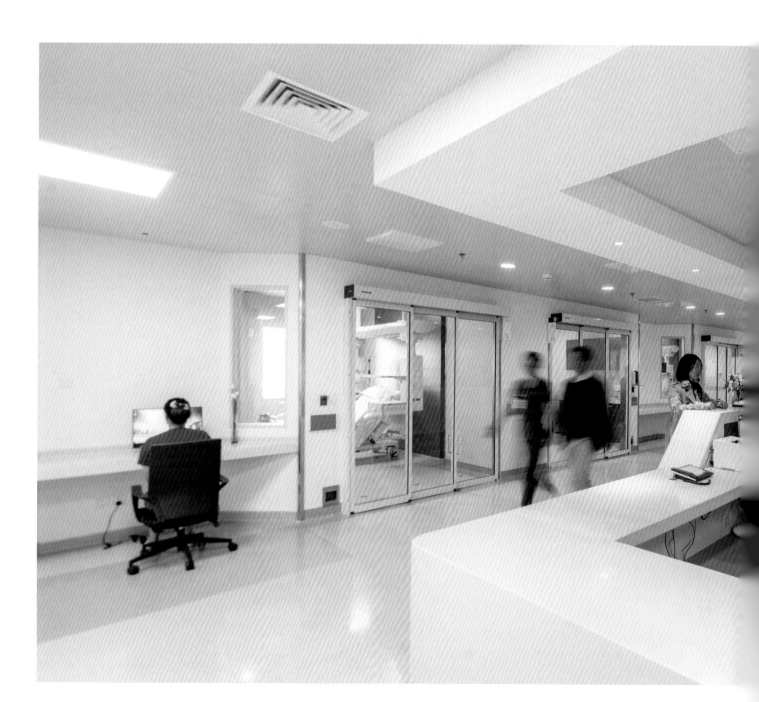

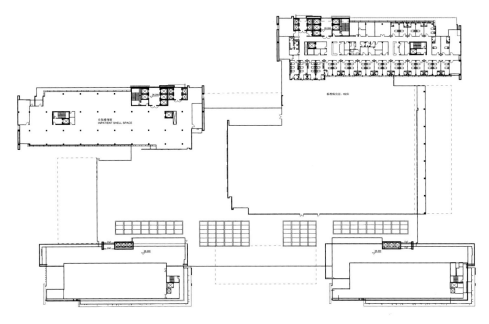

可采购的材料,并通过适当应
用硬性和软性材料以及耐磨损
的弹性材质,长久地保持设计
的完整性。将自然景致引入病
房、公共区域和等候区,希望带
给患者积极的影响。室内色彩
配置借鉴了室外花园的颜色与
纹理,创造了一个宁静平和且
能让人放松休养的环境。

接近自然和太阳光是循证设计的基础。精心设计的花园、穿越整个园区的绿化,这些都是创造世界一流医院体验的关键元素。在公共空间的设计中,设计团队通过绿化植被把真正的花园引入室内,加强了客人对自然的体验。作为一种天然的空气过滤系统,花园改善了空气质量,同时降低了嘈杂的医疗噪声,使客人置身于治愈环境中,更感舒适和平静。

项目还特别强调用温馨、沉稳的材质和形式打造客人的体验感。设计风格温暖、稳固、内敛、丰富,唤起了人们内心与自然的联系,这种联系激励着患者对治愈的渴望。自然有机的形式伴随着规则有序的设计,从而创造了有趣的视觉景观。围合的造型可供人小憩并给访客带来舒适感。景观设计元素在室内公共空间穿插,产生了丰富、灵动的设计效果。

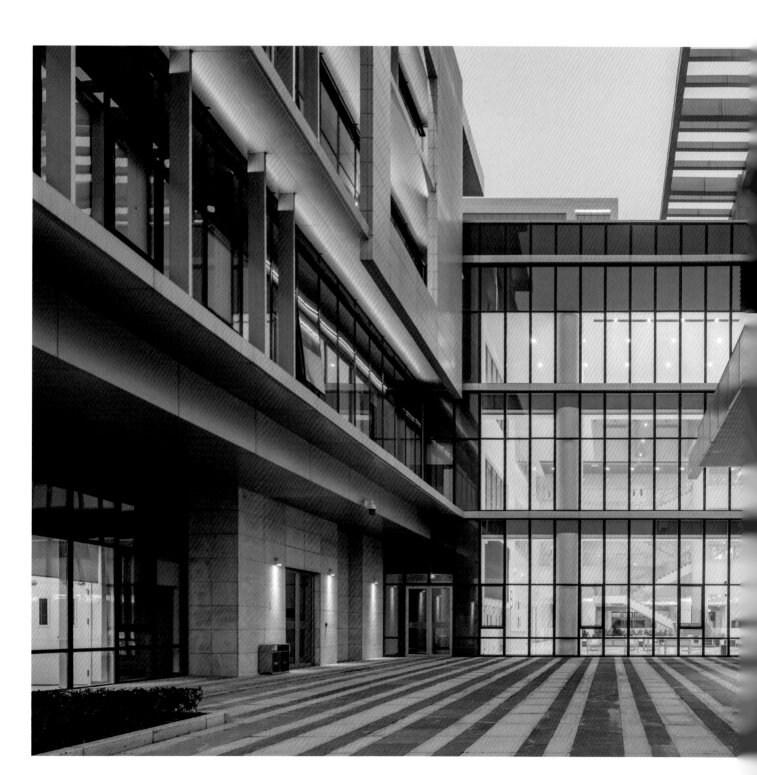

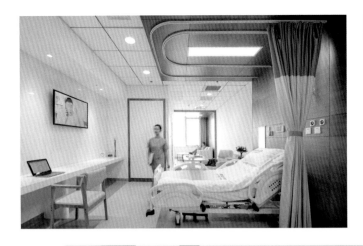

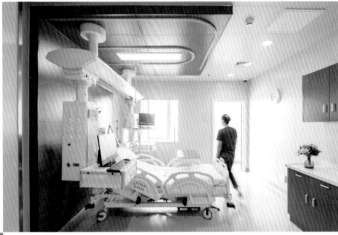

富美家®装饰高压面板洁菌板 0874
榛果樱桃木(山) Hazelnut Cherry
应用区域：病房床头背景墙/病房家具

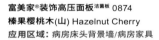

**上海建工四建集团有限公司建筑设计研究院**

上海建工四建集团有限公司建筑设计研究院是上海建工四建集团有限公司的设计研究和技术支撑部门，经过多年的市场洗礼和磨砺，逐步建设成为一支技术力量雄厚、配备完善的成熟设计团队。其中教授级高级工程师、高级工程师、一级注册建筑师、一级注册结构工程师、注册公用设备师(水、暖、电)等行业精英人才超过 30‰。在多年的发展过程中，建筑设计研究院逐步积累完成了大量项目，特别在医疗、养老、既有建筑改造、BIM、BIM 运维、设计施工一体化 (EPC) 等方面取得显著成果。因配备有国际成熟医疗机构顾问团队，从而医疗设计逐步成为建筑设计研究院的强势板块。

# 同济大学附属东方医院胶州医院

编辑：**蓝山**　文：**李倩**　设计：**上海建工四建集团建筑设计研究院**　摄影：**陈琳**

# Jiao Zhou Branch of East Hospital of Tongji University

从医疗、环境和城市出发，寻找理性的起点。将地域文化和人文情怀作为感性的目标，共同点亮这座医疗建筑的明灯。

项目基本信息
**项目名称：**同济大学附属东方医院胶州医院
**项目地点：**山东，胶州
**项目面积：**134 212 m²（综合楼、传染楼、高压氧舱）
**建筑层数：**地下 1 层，地上 10 层
**床位数：**1 000 张
**设计时间：**2016 年 5 月
**完工时间：**2021 年 12 月

设计单位
**建筑设计：**上海建工四建集团有限公司建筑设计研究院
**室内设计：**上海建工四建集团有限公司建筑设计研究院
**施工图设计单位：**上海建工四建集团有限公司建筑设计研究院
**设计团队：**赵国林、陈栋、于丹、周海、戴标、谢宇、段炳棋、李宇婷、周峻明、崔超、周莉莉、周官斌、肖良

其他信息
**业主：**青岛海韵名邦建设发展有限公司

同济大学附属东方医院胶州医院项目是上海建工四建集团建筑设计研究院从总体规划、建筑方案、医疗工艺、室内设计到落地竣工一体化设计全过程参与的又一力作。

同济大学附属东方医院胶州医院集预防、保健、医疗、急诊急救、科研、教学、康复于一体，是一座国际化、现代化、高品质的综合性三级甲等医院。该项目定位为心血管治疗中心、急危重症治疗中心、肿瘤精准治疗中心、消化病治疗中心共计"四大中心"，突出打造检验、影像、内镜、手术室、监护、导管室"六大平台"。

该项目的设计以"自然·交互·融入"为设计原则，从医院与城市文脉、自然生态关系入手，促进医院景观和城市湿地公园的融合，充分展现出医疗建筑与城市的相互渗透的空间共享。

设计从人文关怀的角度出发，在流线设计和功能布局上，为病患、医护提供人性化和具有亲和力的就医体验及工作环境。整体室内设计风格雅致明快，强调安全、专业，注重患者的就医体验。

项目基于 BIM 的智慧运维管理平台，包含硬件传感器布设、显示大屏、设备网络搭建、软件系统开发等系列服务项目。

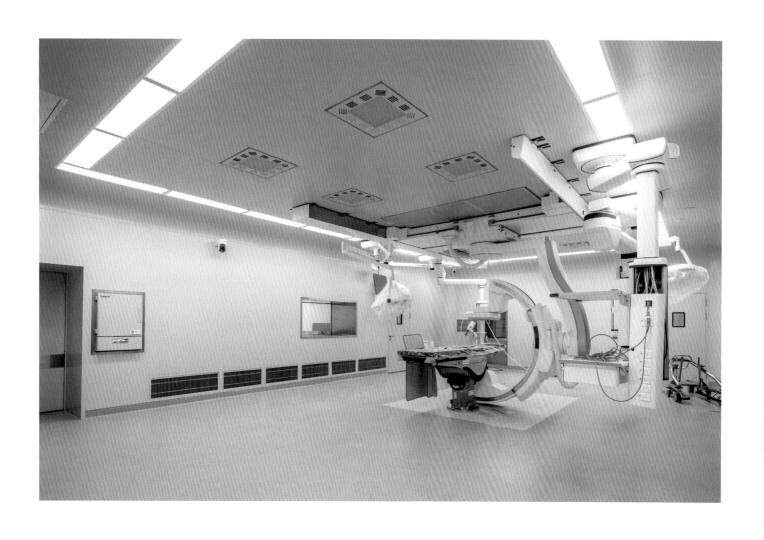

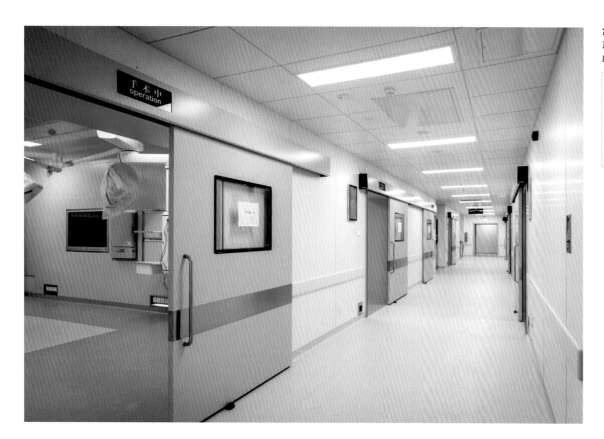

**富美家®抗倍特®洁菌板** 0933
**正白** Mission White
**应用区域:** 病房走廊墙面

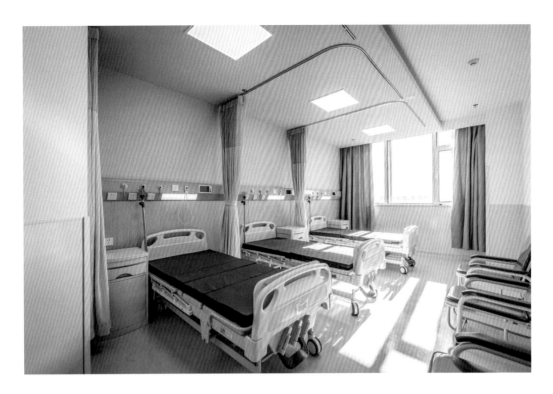

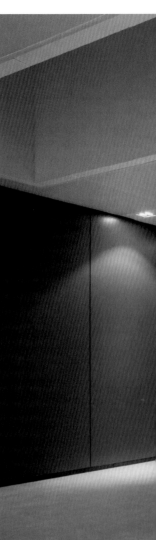

富美家®抗倍特®洁菌板 2726NT
白山毛榉(直) Natural Beech
应用区域：床头背景墙

富美家®抗倍特®洁菌板 7197
鸽白 Dover White
应用区域：走廊墙面

富美家®抗倍特®洁菌板 2726NT
白山毛榉(直) Natural Beech
应用区域：走廊墙面

**徐丽云（Susanna Swee）**

B+H Architects 中国董事总经理、亚洲区执行副总裁

**代表作：**嘉会医疗嘉静门诊部、上海凯健宝山养老院、苏州凯健友谊养老院、联实逸浦荟养老护理院、嘉会医疗（苏州）、杭州华润国际医疗中心、嘉兴凯宜医院、上海嘉会国际医院医疗美容科室内设计、温州泰康之家瓯园养老社区项目概念规划及建筑设计、无锡凯宜医院、宁波凯建夏映养老项目。

**林建可（Coco Lin）**

B+H Architects 合伙人、项目总监

**代表作：**上海临床研究中心、无锡凯宜医院、上海开元骨科医院、杭州华润国际医疗中心室内设计、深圳市儿童医院及科教综合楼、南京银城国际医疗康养中心规划及建筑设计、台州绿心康养综合项目等。

**西蒙尼（Simone Casati）**

B+H Architects 合伙人、主创室内设计师、室内设计总监

**代表作：**无锡凯宜医院、上海开元骨科医院室内设计、深圳市儿童医院及科教综合楼、上海临床研究中心、厦门如心妇婴医院室内设计、宁波凯健夏映养老项目等。

# 嘉兴凯宜医院

编辑：**杨阳**　设计：**B+H Architects**　摄影：**胡义杰、左鹏**

# Jiaxing Columbia Hospital

为当地新兴的社区创造康复的环境并改善患者的体验。

项目基本信息
**项目名称：** 嘉兴凯宜医院
**项目地点：** 浙江，嘉兴
**项目面积：** 近 11.2 万 m²
**完工时间：** 2021 年

设计单位
**建筑设计：** B+H Architects
**室内设计：** B+H Architects
**主创设计师：** 徐丽云（Susanna Swee）、林建可（Coco Lin）、西蒙尼（Simone Casati）
**软装设计：** B+H Architects

其他信息
**材料：** 石材、装饰高压面板、穿孔铝板、不锈钢板、抗倍特板、定制图案背漆玻璃、壁纸、涂料、PVC 地材、仿水磨石砖、地毯
**撰文：** B+H Architects

嘉兴凯宜医院坐落于嘉兴经济技术开发区,近嘉兴南站。按照国家三级综合性医院、国际 JCI 标准设计建造,建筑面积近 11.2 万平方米,核定床位 500 张,拥有 10 间现代化数字手术室,2 间数字化 DSA。医院拥有清晰的品牌标识和战略愿景,通过整体设计方法,旨在成为更大社区行列中的健康建设支柱项目,为嘉兴的新兴社区和市民们打造出更亲密、更友善的就医经历。

本项目的设计融合了针对住院部病房和公共区域的实证设计方案,并以精益的设计原则、模块化的运营效率优化规划为指导。"循证设计"是他们依赖的工具,每一个重要的设计决定都有科研实证的有力支撑同时,"以病患为中心"的设计体现在诸如保证住院部 70% 的病房均朝南、提供数字娱乐设施、无线网络覆盖、更宽敞的走廊、遮光帘、更多室外景观、温度和照明控制、舒缓的色彩搭配等。

**富美家®抗倍特®洁菌板 5883**
**摩卡靓木(直) Pecan Woodline**
**应用区域:走廊墙面/诊室门/病房墙面/医疗家具**

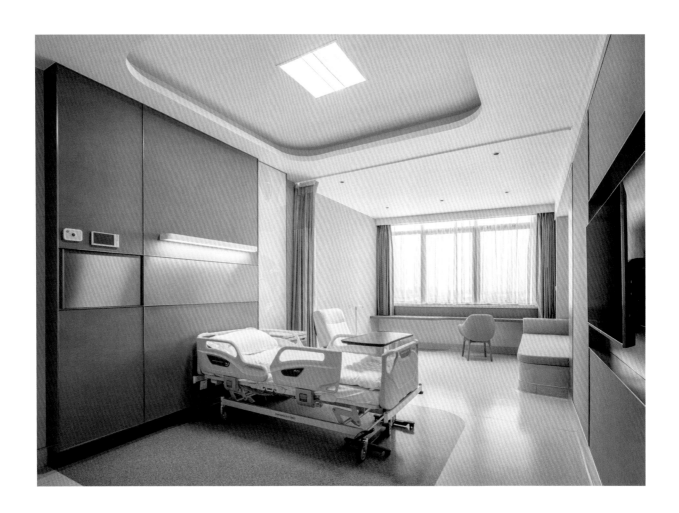

此外，为照顾患者需求，医院各个区域包括候诊区、就诊区和住院区都分别设有卫生间，均满足轮椅和无障碍通行要求。大多数的科室都设置了适应未来临床扩展领域的"灵活"办公空间。某些临床功能（例如放射科）采用了模块化设计方法，便于其将来拓展。还有两间手术室，面积较普通手术室更大，可用于容纳混合成像仪器、混合手术仪器或手术机器人等设备。

医院的规划和设计灵感大多来自传统文化和特色符号，通过连通性和意境打造，进行整体规划和建筑设计。整个医院的室内空间均采用了自然主题。公共区域使用了天然石材和木制材料，打造简洁、大气、永恒的美感。定制的暖色调布艺和大厅的银杏叶图案装饰墙传递出友好、温馨的氛围。该项目的设计及工程解决方案旨在减少用水量、促进节能，并确保室内空气质量超过中国二星级绿色建筑的可持续标准。◢

**穆氏建筑设计**

自 1981 年起，穆氏建筑设计致力于为各类企业、私营医疗和教育机构提供办公环境的设计和交付服务。穆氏在全球设有 27 个分支，超过 1000 位专业人才通力合作，以全面整合的办公空间解决方案为客户打造具有变革力的实体、社交化和数字化的工作环境。

**刘怡筠 Jessica Liu**
**穆氏建筑设计　医疗总监**

**代表作：**上海和睦家医院（JCI认证/19 200m²/80床）、上海和睦家新城医院（JCI认证/28 132m²/200床）、广州和睦家医院（JCI认证/65 319m²/200床）、复地金融岛二期牙科诊所–四川省成都市（牙科诊所）、复地天府湾一期17号楼健康中心–四川省成都市（综合门诊）、杭州新瞳眼科医院–浙江省（眼科医院）。

# 广州和睦家医院

编辑：**蓝山**　文、设计：**穆氏建筑设计**　摄影：**Vitus Lau**

# Guangzhou United Family Hospital

致力于营造环境并提供卓越的健康服务，融合中西双方差异化的医疗规划理念，树立支持中西医结合诊疗模式的医疗建筑典范。

项目基本信息
**项目名称：**广州和睦家医院
**项目地点：**广东，广州
**建筑面积：**65 319 m²
**建筑层数：**地上 15 层，地下 1 层
**床位数：**200 张
**设计时间：**2014 年 10 月
**完工时间：**2018 年 3 月

设计单位
**室内设计公司：**穆氏建筑设计
**设计主持：**Jessica Liu
**设计参与：**Nabil Sabet、Sung Lee、Manuel Garcia、Cyrus Tsang、Keven Li
**软装设计公司：**穆氏建筑设计

其他信息
**项目主材：**人造石、装饰高压面板、铝板、乳胶漆、矿棉吸音板、胶地板、地砖、地毯、背漆玻璃

自 2014 年起,穆氏建筑设计与和睦家医疗位于北京和上海的管理团队、医护团队密切合作,针对广州和睦家医院的医疗需求展开调研,为后续的室内建筑设计和空间规划提供指导框架。

广州和睦家医院总建筑面积超过 65 000m²,拥有 200 张床位。为了在建筑内部营造情绪舒适且能加速治愈的环境,穆氏建筑设计团队将 4 个元素贯穿在空间的角落和细节里,使医院告别冰冷"盒子"的形象,变身为一座富有情感的建筑,将曲线、自然、情绪及人体尺度四大元素融入设计中。

为营造平和、宁静的氛围,广州和睦家医院的门诊大厅设有 3 层挑高的石材墙面,上书"和平健康睦邻万家",将品牌思想和美好祝福融合在视觉空间中。

**富美家®抗倍特®洁菌板 6212NT**
**麦芽织木 (直) Wheat Strand**
**应用区域：大厅接待台墙面/公共区域走廊/**
**电梯厅墙面**

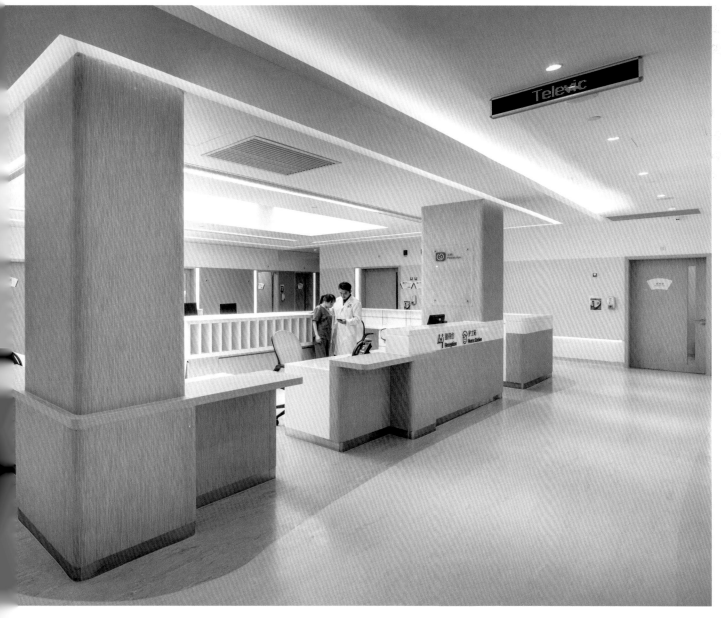

利用建筑本身的天井设置，穆氏医疗设计团队沿采光最佳处排布走廊和等候区等公共空间，引入自然光帮助患者和家属减轻焦虑、舒缓情绪，该设计同时符合美国医疗规划的实践标准。广州和睦家医院还多采用房屋板材、木纹等，同时优先选择温暖的黄光，增添空间的亲近感和"家"的感觉。

富美家®装饰高压面板洁菌板 3699LN
熏香竹(直) Rattan Cane
应用区域：大厅及儿童区护士接待站家具

儿童活动区
Kids Play Area

富美家®抗倍特®洁菌板 6212NT
麦芽织木 (直) Wheat Strand
应用区域：病房床头背景墙/儿童区墙面

每一科室都按照其独特的医疗流程进行规划和设计，满足差异化的同时突显特色。以儿科为例，接待区、等候区和活动区虽有明确的分界，但通过协调一致的设计元素最终呈现鲜明的一体化设计风格。

通过人性化的病房设计——例如使用特殊面板遮蔽病床床头的医疗设备接口，在病房盥洗室镜面、墙面增添宜人的印花细节，设计赋予病房以酒店特征乃至家的气息。

在穆氏医疗设计团队与和睦家多方团队的共同努力下，广州和睦家医院按照医疗建筑的最高标准设计，为和睦家医疗提供符合国际标准的医疗服务，同时为中西融合诊疗模式树立全球性的示范榜样。

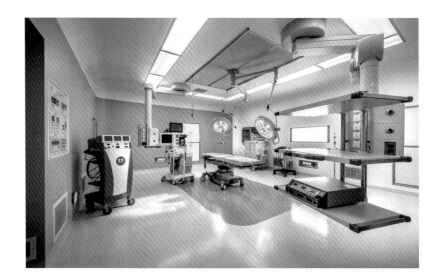

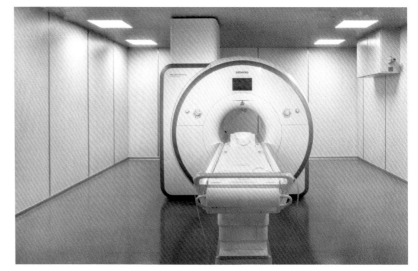

**北京一工建筑装饰工程有限公司**

北京一工建筑装饰工程有限公司创建于 1996 年,是一家从事室内、建筑及工程设计及管理的公司。二十多年来,公司已经在中国完成了 1800 多项工程,主要从事办公空间室内设计,建筑、教育和医疗机构设计等。

*代表作:北京新德恒门诊部、青岛和睦家医院、北京泰康燕园康复医院、嘉会医疗(杨浦)嘉尚门诊部、平安健康(检测)中心、南昌平安好医医学影像诊断中心、新东苑·快乐家园护理院、江苏国际旅行卫生保健中心、艾尔建美学上海创新中心、卡尔史托斯中国(上海)总部、武田中国总部。*

# 深圳新风和睦家医院

编辑:**蓝山**　文、设计:**北京一工建筑装饰工程有限公司**　摄影:**萧伟伦、施沁**

# Shenzhen New Frontier United Family Hospital

室内环境参照高级酒店设计标准,延续和睦家品牌风格。

项目基本信息
**项目名称:** 深圳新风和睦家医院
**项目地点:** 广东,深圳
**面积:** 65 000 m²
**设计时间:** 2019 年
**完工时间:** 2022 年 5 月

设计单位
**设计公司:** 北京一工建筑装饰工程有限公司

深圳新风和睦家医院原建筑是施工停滞近二十年的大楼,位于深圳福田区主干道福强路北侧。其因老化破旧而成为深圳市政府及市民关注的重点。本项目的启动、定位、流程手续、规范的适用升级等都需要重新调整,并要求短时间内完成设计以满足流程进度需求。新风和睦家医院作为一家高端私立综合医院,围绕"女性健康""儿童发展""肿瘤诊治"和"手术治疗"四个中心,为患者

提供全生命周期的医疗保障服务。本项目定位为新高端医疗，通过改造升级让老建筑重新焕发勃勃生机。

医院外立面设计呼应海洋波浪造型，室内则打造开阔而充满自然元素及光影的灵动空间。从海洋中提取的丰富蓝色调，结合自然木色及沙滩色，将多层次的海洋绿洲色彩点缀在不同区域的空间设计上，呈现出宁静温暖的感觉。建筑南侧的室外景观特意做成开放式花园，让医院和周边景观有更多的连接。深圳新风和睦家医院就像繁

火立克®⁺洁菌板 6212
麦芽织木(直) Wheat Strand
应用区域：公共区域天花

富美家®抗倍特®洁菌板 6212
麦芽织木(直) Wheat Strand
应用区域：公共区域包柱及门墙

忙都市中一个生机盎然的绿岛，给忙碌焦虑的人群带来一份轻松，并赋予访客休闲以及"家"一样的温馨。

项目的医疗设计，严格遵守 JCI 相关的设计标准。室内环境参照高级酒店设计标准，延续和睦家品牌风格，结合自然、科技、人文的元素，温暖的木色与五大主题色系相互交融，灵动的弧形线条与层层渲染的色彩营造出一个生机盎然的空间，给人们带来愉悦、温暖及舒适的体验。

**富美家®装饰高压面板**洁菌板 0933
**正白** Mission White
应用区域：诊室家具

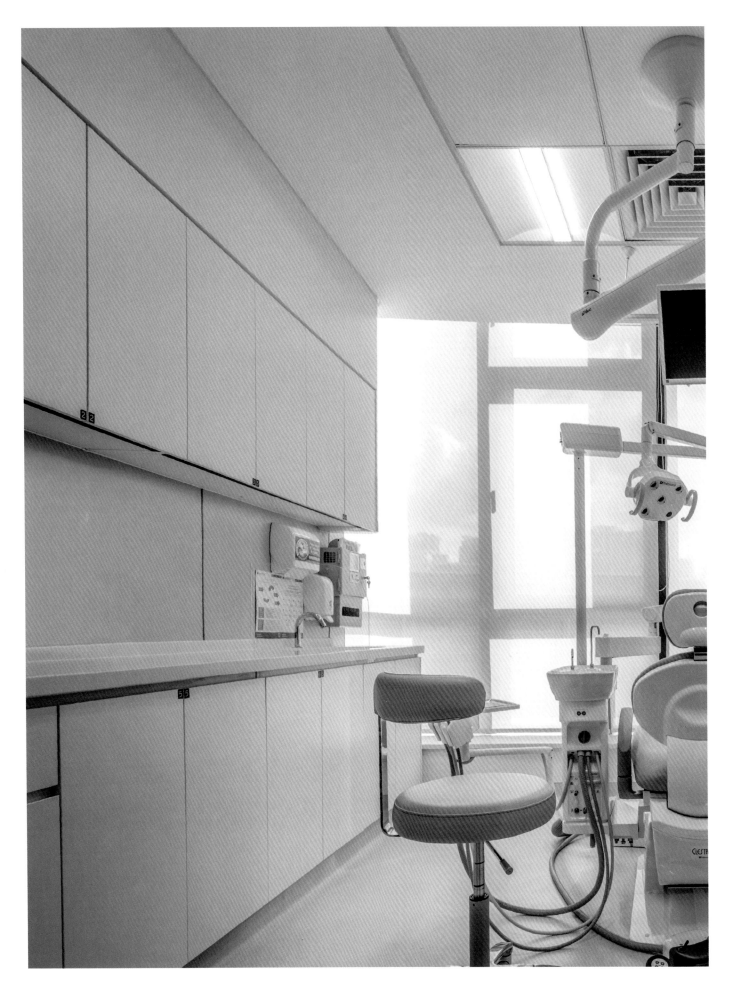

富美家®抗倍特®洁菌板 6212
麦芽织木(直) Wheat Strand
应用区域：病房家具

**钟丽冰**

优信工程设计（上海）有限公司总设计师

**代表作：**长海医院、无锡耘林康复医院、杭州泰康之家大清谷医院、苏州禧华妇产医院、宜昌市中心人民医院、上海市安亭医院。

usense®
优信设计

# 南京医科大学
# 第二附属医院姜家园院区

编辑：**王戈**　设计：**优信工程设计（上海）有限公司**　摄影：**王安多**

# The Second Affiliated Hospital of Nanjing Medical University(Jiangjiayuan Campus)

室内一体化设计打造高品质、高完成度的医院疗愈环境。

项目基本信息
**项目名称：**南京医科大学第二附属医院姜家园院区
**项目地点：**江苏，南京
**项目面积：**56 852 m²
**设计时间：**2020 年 3 月
**完工时间：**2021 年 12 月

设计单位
**建筑设计：**上海市卫生建筑设计研究院
**室内设计：**优信工程设计（上海）有限公司
**主创设计师：**钟丽冰
**陈设设计：**优信工程设计（上海）有限公司

其他信息
**材料：**钢板、冲孔铝板、预制水磨石、橡胶地板、PVC 地板

南京医科大学第二附属医院姜家园院区位于南京市中心城区下关挹江门外、明城墙脚下，与小桃园公园隔河相望，面临秦淮河，风景优美，拥有得天独厚的滨河景观资源。室内设计以"城"与"水"为主要概念联想，将空间中的标识、硬装与软装整体考虑，一体化设计，营造出轻盈、温暖、充满变化及有趣的疗愈环境，有效地缩短工期和节省工程造价，最终呈现出高品质、高完成度的医院疗愈环境。

大厅墙面设计了大面积的冲孔吸音板以及波纹金属板，有效地减弱大厅人流的嘈杂声。立面设计呈波浪起伏状，天井造型汲取了水面波光粼粼的意向，柔和的线条与光影之间交错相融，似乎把蜿蜒的河水引入室内空间。

室内空间的主色调为暖色调，温暖且稳重的木色金属板

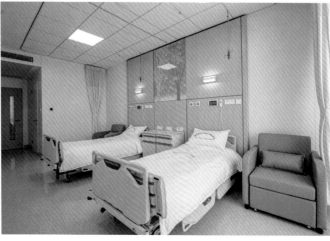

与大地色系的弹性地面材料,传达出温馨与亲切感。医院每层临河东侧,设计了公共的休息等候区域,标准病房区设计了阳光活动室,这些空间舒缓了患者就诊的紧张情绪,极大地提升了医院的环境品质,让来访的人感受到医院的亲和力与完善的服务。

导向标识的设计提炼简洁而灵动的抽象化水纹理,标识底板的纹理与室内装饰统一设

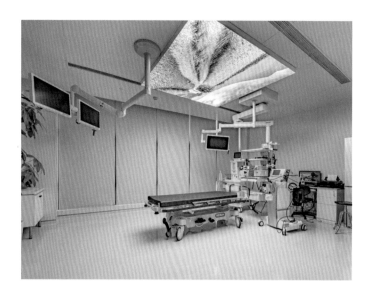

计,整体空间色彩和谐,营造出舒适、精致、整洁的空间感受。

医用家具的设计,从实际使用功能需求出发,兼顾功能与美观,与室内设计整体风格高度匹配,通过数次的现场打样与调整,最终呈现出完美、精致的效果。

姜家园院区的艺术品设计以"自然疗愈"为主题,呈现出与周边景观融合共生的态度,营造出令人愉悦的艺术感染力。◢

**Alex Wang**
AIA, LEED AP BD+C
美国 HKS 建筑设计公司董事合伙人、Principal 大中华区医疗总监

**代表作:** 成都医投华西国际肿瘤治疗中心(重离子质子)、深圳市质子肿瘤治疗中心、中山大学附属第七医院(深圳)二期项目、中国上海瑞金医院医疗规划及空间规划设计项目、北京安贞医院通州院区、北京市支持河北雄安宣武医院总体规划、北京市支持河北雄安新区建设医院项目一期、北京市支持河北雄安新区建设医院项目二期、合肥京东方医院、中山大学肿瘤防治中心、中国台湾大学医学院癌医中心医院、北京爱育华妇儿医院、广州泰和肿瘤医院、苏州高新区人民医院二期等。

# 百汇医疗成都鹰阁医院

编辑:**蓝山**　文:**Alex Wang**、**李骥**　设计:**美国HKS建筑设计公司**　摄影:**Black Station**

# Gleneagles Chengdu Hospital

立足于本地文化,通过精心的设计为患者提供高品质疗愈空间。

项目基本信息
**项目名称:** 成都鹰阁医院
**项目地点:** 四川,成都
**建筑面积:** 51 500 m²
**建筑层数:** 地上 5 层,地下 2 层
**床位数:** 350 张
**设计时间:** 2015 年 1 月 –2018 年 6 月
**完工时间:** 2019 年 6 月

设计单位
**建筑设计:** 美国 HKS 建筑设计公司
**室内设计:** 美国 HKS 建筑设计公司
**施工图设计单位:** 中国建筑西南设计研究院有限公司
**项目负责人:** Alex Wang
**设计团队:** Chad Porter、Yunn-Tay Lee、Julia Hager、李骥

其他信息
**业主:** 百汇医疗
**材料:** 天然石材、人造石材、黑钛不锈钢、木纹饰面板、瓷砖、无机涂料、墙纸、PVC 地胶、转印铝板、复合无机板等

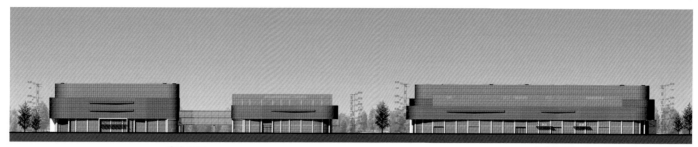

南立面图 东立面图

项目位于成都东站鹏瑞利广场。最初作为商场设计并建设至 3 层，开发商决定将其原址改建为综合医院。为了满足业主的需求，HKS 作为建筑师、医疗规划师及室内设计师率先进行了详细的可行性论证，为业主提供了明确的计划，并最终实施落地，成都鹰阁医院在 2020 年正式开业，并迅速成为成都当地知名的高端医院。

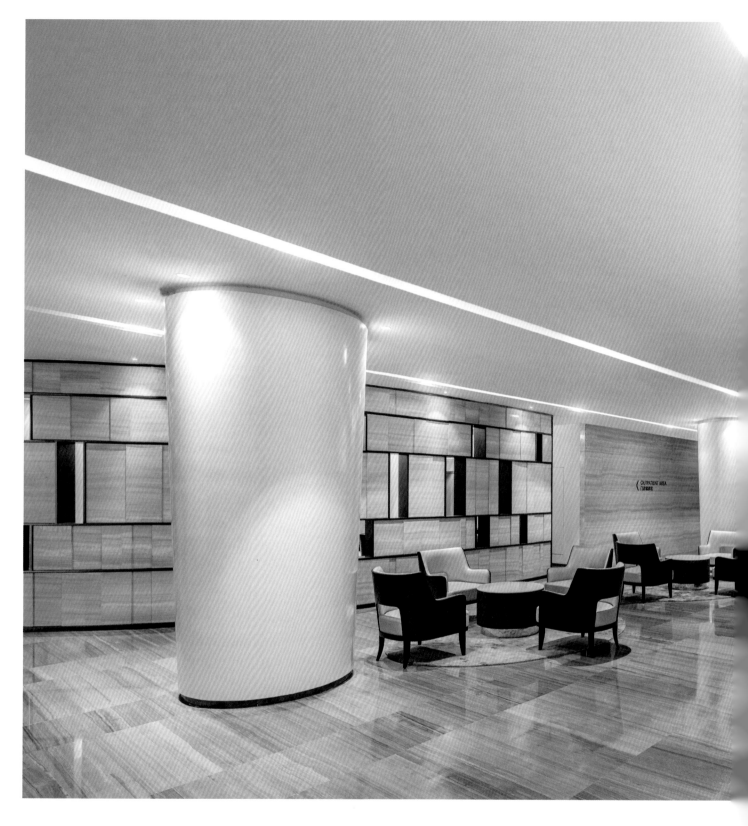

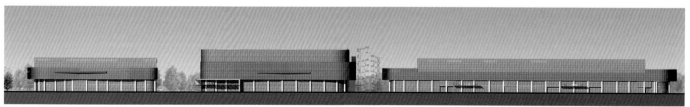

北立面图                                                西立面图

"鹰阁"医院品牌象征着现代、高级、简约且优雅。项目设计之初,设计团队就确立了"通过精心的设计为患者提供持续、长远的高品质疗愈空间"的目标。设计团队在原有平面的基础上进行了适应医疗平面的必要调整,其中包括:增加不同类型的电梯(访客梯、洁/污梯、员工/服务推床梯)、封堵原有的通高中庭、为医疗平面提供完整连续的楼板载体,并将原有建筑施工至3层。1~3层依据现有条件改建为门诊/医技部分,4~5层新建为病房。病房单元的排布形式也作为可行性研究的一部分。

自古以来，富饶的成都就有着"天府之国"的美誉，同时也为医院提供了丰富的建设环境与背景。成都秀美的自然风光和丰富的自然资源为医院的室内设计提供了灵感。设计团队将府南河、绿竹、银杏树、芙蓉花和西岭雪山的特征融入设计，使医院的整体环境充满人文与历史气息。同时，室内设计中也采用了更加柔和的材料，用大理石地砖替代传统的乙烯基地板涂料，为患者打造温暖人

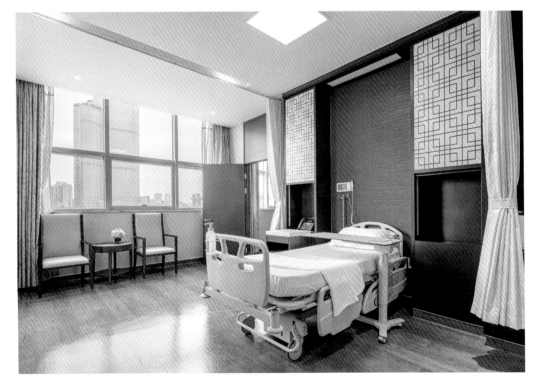

心的就诊环境。通过传统文化与柔和材料的结合使用,医院室内空间整体传递了以温暖、治愈为主旨的充满人文关怀的就医环境。

设计师更致力于进一步提供优良的医疗环境,不仅在公共区域中增设了覆盖植被和开放式阳台,在套房中也设置了能够引入自然光线的大面积玻璃窗。自然光线在为患者提供心灵疗愈的同时,也能减少能源消耗和医院整体的碳排放。设计团队还与成都当地艺术家通力合作,在医院内部设置艺术装饰品,为医院增添了人文气息。⌐

**北京锦禾空间设计有限公司**

北京锦禾空间设计有限公司集品牌服务及空间设计、软装艺术于一体,致力于从差异化定位策略到专属定制实施的一体化解决方案,将品牌生命力构建、空间艺术形态、内核体验融为一体,形成完整的传达和认知体系。以前瞻性新锐视角、跨界融合思路、无壁垒协同模式,构建出一套全链条服务体系,从而为客户输出完整而统一的高效服务,创建更大商业价值,从而形成最大合力。业务涉及:商业定制类空间、医疗康养、企业定制办公、私宅、会所等,以专注、专业、不断创新的职业态度为客户打造高赋能空间。

**公司代表作:** 长沙长好医院、重庆松山医院、中关村生命科学园医科中心新生巢、天下粮仓会展中心。

**崔钺**
北京锦禾空间设计有限公司创始人

# 重庆松山医院

编辑:**蓝山**　文:**丹丹**　设计:**北京锦禾空间设计有限公司**　摄影:**三像摄**

# Songshan General Hospital,Chongqing

以空间创新设计增强品牌体验感。

项目基本信息
**项目名称:** 重庆松山医院
**项目地点:** 重庆
**建筑面积:** 40 000 m²
**建筑层数:** 住院部 16 层、心内 6 层、门诊楼 6 层
**床位数:** 编制床位 1000 张
**设计时间:** 2020 年 05 月
**完工时间:** 2020 年 09 月

设计单位
**设计公司:** 北京锦禾空间设计有限公司
**主创设计师:** 崔钺、郝梦丽、杨洋、杨文蕾、徐英杰
**软装公司:** 北京锦禾空间设计有限公司

其他信息
**项目主材:** 木饰面、铝板、乳胶漆

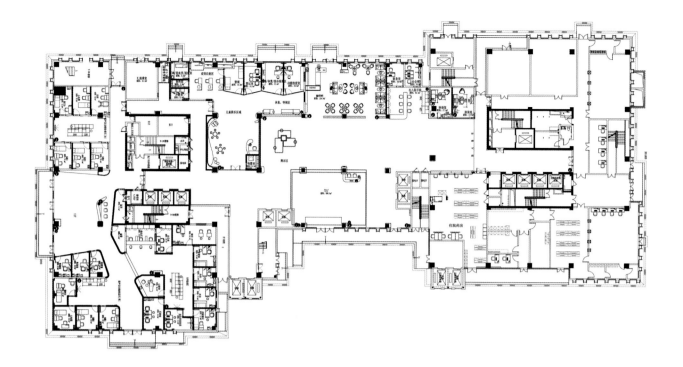

本案设计初始,团队设计从了解松山医院的文化及历史入手,探究过程中得知松山医院已有百年历史底蕴,且是中国第一台剖腹产手术的先导者,设计团队便决定为品牌打造一个与以往截然不同、有记忆点的医院空间。以品牌、文化、故事、空间一体化为构思,设计团队为松山医院制作一系列专属视觉符号及 IP,命名为"松松博士"。

**品牌可视化展示**

设计团队以"天使"作为原始的 IP 形象,寓意美好生活的传递者。可视化元素在寓意、空间方面也呈现出对人们的关怀。

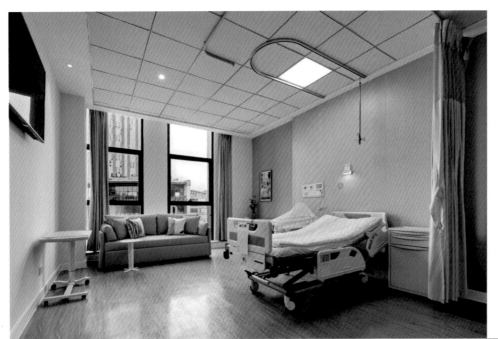

**品牌形象在空间中的植入**

如何形成专属记忆点,打造空间差异化?设计师提取地标文化、医院历史、故事作为品牌图谱,打造特色化品牌故事。

建筑内部空间主要以暖色调为基底,意在打造蕴含希望、温馨、简洁的医疗场所,让空间去医疗化,活跃患者和医护人员心情。书吧、咖啡厅等公共区域,温馨怡人,不仅为患者、家属和医护人员提供了便利和休憩场所,同时丰富了人们的空间感受。

儿童区以"全面愈合身心"
为理念，结合品牌故事设计了
以自然环境和动物为主题的诊
疗室及等候区，自然柔和的色
彩与活跃的线条为小患者带去
轻松、愉快的诊疗体验。

各功能诊疗科室注重秩序
和组合，并不是特定的某一种方
式。品牌符号结合的空间动线塑
造出整个空间的活力，消除了人
们在空间内走动时的疲惫感，也
提升了各功能空间的辨识度。⏎

**伍兹贝格**

伍兹贝格(Woods Bagot)创立于澳大利亚,是一家超过150年历史的全球设计咨询品牌。在中国、东南亚、澳大利亚、北美、欧洲以及中东等6大地区设有17间工作室。由超过850名专业人员构成,专注于建筑设计、室内设计、总体规划、品牌设计咨询等业务。事务所全球一体化运营,团队跨时区和地域协同工作,在设计中结合先进的大数据分析技术,已完成了众多设计作品,涵盖城市与场所、综合体、商业设计、办公设计、医疗设计等多个领域,数次获得知名国际设计及地产类大奖。

**设计公司代表作:** 墨尔本Collins Arch、新加坡福南、北京阳光金融中心、西安大华1935。

# 堪培拉大学公立医院

编辑:**蓝山** 文:**陈双霁** 设计:**伍兹贝格(Woods Bagot)** 摄影:**Trevor Mein**

# University of Canberra Public Hospital

重新设计医疗服务场所,让患者精神上既感觉放松又能获得良好的就医体验——离家更近的人性化邻家医疗。

项目基本信息
**项目名称:** 堪培拉大学公立医院
**项目地点:** 澳大利亚,堪培拉
**建筑面积:** 25 000 ㎡
**设计时间:** 2015-2016 年
**完工时间:** 2017 年

设计单位
**建筑设计:** 伍兹贝格
**室内设计:** 伍兹贝格
**主创设计师:** Georgia Singleton
**设计团队:** 伍兹贝格澳大利亚医疗设计团队

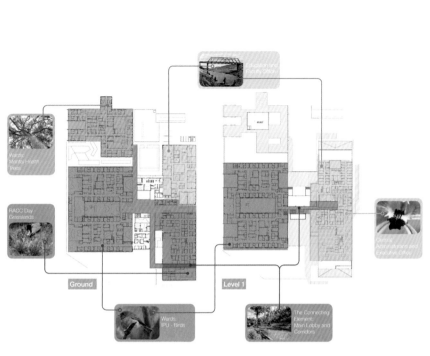

伍兹贝格凭借多年的医疗项目设计经验，将多方设计经验应用到堪培拉大学公立医院项目中，为当地居民打造一座集医疗检查、治疗、康复为一体的社区医院。

与大型公立医院相比，社区医院虽然规模较小，但是需要更精准的前期建筑规划。医院大楼内部通道采用被动寻路，避免患者沿着走廊寻路时产生"无穷无尽"的感觉。除此

之外，设计师运用彩色标志、特定主题的图标和示意图为该建筑的使用者提供道路指示，并建议将这些主题与医院预约过程相结合。

在设计堪培拉大学公立医院时，设计师考察了基地周边具有当地区域特色的地形、色彩等特征，并将其融入建筑的室内外设计中。医院造型及立面设计灵感取自邻近国家公园的自然地貌景观，以大地色为

主的建筑外立面风格简洁，与周边自然景观相得益彰，成为一座造型鲜丽新颖，令患者能产生归属感的社区医院。

除了考虑以建筑手法减少医院带给患者的压迫感外，室内设计也沿用了这样的核心理念。设计师运用自然光、质朴的主题，以暖色系及天然材料尽可能弱化传统医院环境给患者带来的负面感观；保持室内空间可见性与私密性之间的合理

平衡，在开放区域酌情补充一些私密性设施；还运用家具和其他设备强调随意放松的气氛。

设计团队认为，医院室外空间是治疗空间的重要组成部分，因此，在场地规划及建筑设计过程中，中心花园和周边自然景观的可及性、视觉通透性是设计的主要考量因素。设计师尽可能引入自然景观，为患者提供对自然世界的视觉可达性，让他们可以随时沉浸在蓝天、庭院、树木，以及花卉和植物中。

这样松弛的医院环境便于融入多种康复功能，方便患者在步行小路、社交空间、咨询室和休息区中进行治疗活动，鼓舞患者进行积极治疗。

堪培拉大学公立医院的另一大亮点是医患之间的便利沟通。设计师在等候区和人流动线示意图中特意嵌入通知、数据等信息，有意识地帮助患者保持思维活跃；当然，标识系统设计也考虑了精神疾病、失智类患者的特殊需求。◢

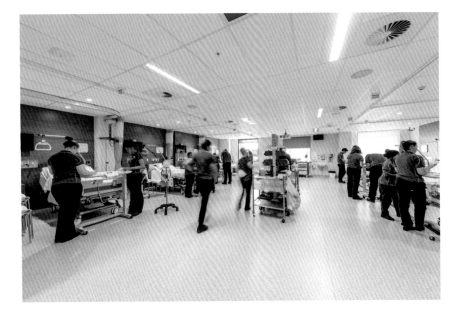

## MMOSERASSOCIATES

**穆氏建筑设计**

自1981年起,穆氏建筑设计致力于为各类企业、私营医疗和教育机构提供办公环境的设计和交付服务。穆氏在全球设有27个分支,超过1000位专业人才通力合作,以全面整合的办公空间解决方案为客户打造具有变革力的实体、社交化和数字化的工作环境。

**刘怡筠 Jessica Liu**

穆氏建筑设计 医疗总监

代表作:*上海和睦家医院(JCI认证/19 200m²/80床)、上海和睦家新城医院(JCI认证/28 132m²/200床)、广州和睦家医院(JCI认证/65 319m²/200床)、复地金融岛二期牙科诊所–四川省成都市(牙科诊所)、复地天府湾一期17号楼健康中心–四川省成都市(综合门诊)、杭州新瞳眼科医院–浙江省(眼科医院)。*

# 上海和睦家医院

编辑:**蓝山** 文、设计:**穆氏建筑设计** 摄影:*Vitus Lau*

# Shanghai United Family Hospital

整合建筑、室内设计和机电设计,打造符合JCI标准的医疗设施,为上海和睦家医院提供高端全面化医疗服务。

项目基本信息

**项目名称:** 上海和睦家医院
**项目地点:** 上海
**建筑面积:** 19 200 m²
**建筑层数:** 4层
**床位数:** 80张
**设计时间:** 2014年11月
**完工时间:** 2019年11月

设计单位

**建筑设计:** 穆氏建筑设计
**室内设计:** 穆氏建筑设计
**项目负责人 / 设计主持:** Jessica Liu
**设计参与:** Nabil Sabet、Sung Lee、Seong Choi、Manuel Garcia、Matthew Liu、Spring Wang、Bella Bao、Hui Lin、Leo Lei、Keven Liu、Tina Zhou、Qiang Wang
**软装设计公司:** 穆氏建筑设计

其他信息

**项目主材:** 人造石、装饰高压面板、铝板、乳胶漆、矿棉吸音板、胶地板、地砖、地毯、丝网印刷玻璃、医用墙纸

**富美家®抗倍特®洁菌板 6212 麦芽织木 (直)**
Wheat Strand
**应用区域：**走廊墙面/诊室门/接待台墙面/
收银台墙面/病房家具/餐厅桌面

上海和睦家医院场地原址为
两栋 4 层楼高的多用途建筑，于
1992 年竣工完成。在过去几十年间，
它们经历了多次建筑改造，对街区
界面形成了复杂的影响。

在上海城市更新的背景下，穆
氏建筑设计有机会将建筑、室内设
计等多专业知识结合，建造出一座
崭新的现代化医院。在支持一流国
际化医疗服务的同时，打造出耳目
一新的建筑形态来提升场地的周边
环境。

医院的外立面采用多种材料交织的幕墙系统，打造平易近人的建筑形象与富有活力的韵律，并以定制化的"回"字纹玻璃纤维强化混凝土板来寓意对患者的美好祝福和对卓越医疗服务的精进追求。

医院的室内空间采用高效的设计流通系统，划分出相互独立的病患、医务工作者和物流路线，以满足医疗安全性要求。室内空间从患者、家属和医护人员的个人感受和需求出发，采取四项设计原则来营造有助于治愈的环境：曲线、自然元素、以情绪为导向和人体尺度。病房的设计平衡了舒适度和隐私需求，不仅为医护人员工作预留充足的空间，也为病患陪伴家属带来舒适性。

基于严格的医疗规划方案，并将曲线、自然元素、以情绪为导向和人体尺度相结合，上海和睦家医院的设计将支持该院在温暖、关怀和以患者为中心的环境中提供全面综合化服务的愿景。与此同时，满足 JCI 标准的设施还将以崭新的建筑身份来振兴上海古老居住社区的精神面貌。

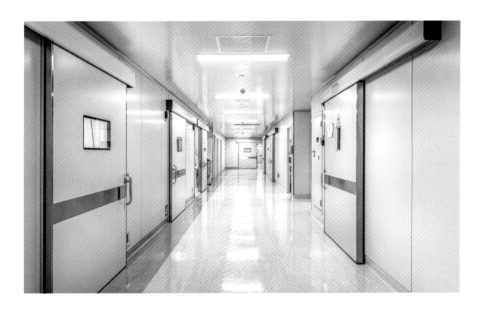

富美家®抗倍特®洁菌板 0933 正白
Mission White
应用区域：走廊墙面/病房墙面/餐厅墙面

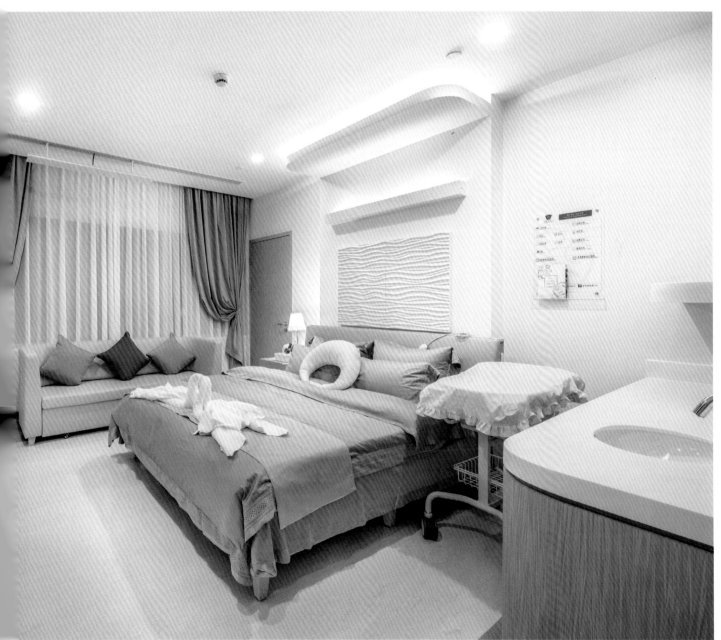

**J&A 杰恩设计**

深圳市杰恩创意设计股份有限公司（简称"J&A"或"杰恩设计"），是一家面向未来的大型综合性室内设计公司，主要深耕商业综合体、办公综合体、医养综合体、交通综合体、文教综合体 5 大设计领域。2017 年，J&A 成功登陆 A 股市场（300668.SZ），在美国权威杂志 *INTERIOR DESIGN* 2019 全球设计巨头排行榜中，J&A 综合排名全球第 25，其中商业设计排名全球第 3。

**设计公司代表作：**深圳市大鹏新区人民医院、深圳市中医院光明院区、深圳市南山区人民医院、安康高新国际标准医养医院、深圳吉华医院、济南唐冶三甲医院、沈阳爱尔眼科医院、重庆佑佑宝贝妇儿医院。

# 华中科技大学协和深圳医院（南山医院）感染楼

编辑：**蓝山** 文、室内设计：**J&A杰恩设计** 摄影：**王启剑**

# The Infection Building of Nanshan Hospital

"平疫"转换，灵活机动。

项目基本信息
**项目名称：**华中科技大学协和深圳医院（南山医院）感染楼
**项目地点：**广东，深圳
**项目面积：**8 400 m²
**建筑层数：**建筑地下 2 层，地上 5 层
**床位数：**86 张
**设计时间：**2019 年 1 月
**完工时间：**2021 年 2 月

设计单位
**室内设计：**J&A 杰恩设计

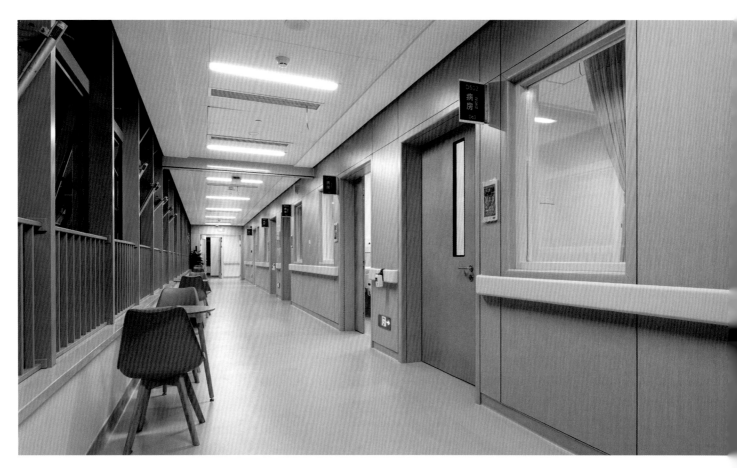

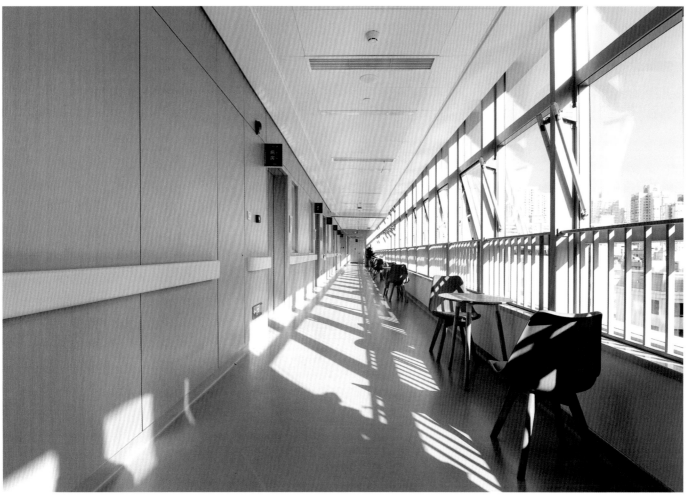

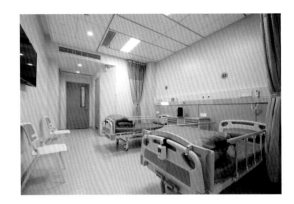

**富美家®抗倍特®洁菌板 9005 靓木 Fineline**
**应用区域:** 走廊墙面/床头背景墙/前厅墙面/护士站墙面

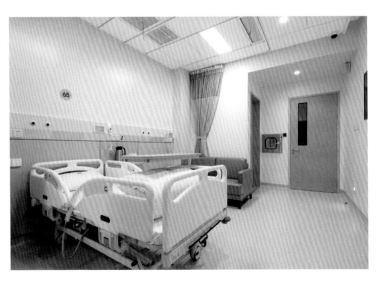

　　南山医院感染楼位于院区西南角,采用"平疫结合"的设计理念,设有独立的出入口。疫情期间可以与院区进行物理分隔,独立运行,有效避免疫情在院区内的传播。

　　感染楼功能配套完善,为集门诊、医技、住院、医护办公及生活等功能为一体的综合大楼,发热患者看病、住院均可在大楼内实现"一站式"诊疗。建筑地下2层,地上5层,累计86张病床,6间负压病房,其中:1楼为综合区,疫情后,功能调整为出入院大厅、实验室(平疫结合)、发热门诊,2~4楼为普通病房或隔离病房区,5楼为负压病房和行政办公区。

　　感染楼可以根据需要随时"平疫"切换。"平"时,位于综合门诊内的感染门诊作为普通的感染门诊使

**富美家®抗倍特®洁菌板 7197 鸽白 Dover White**
**应用区域:** 办公室墙面/会议室墙面/培训室墙面

用,2~4 层病房作为普通病房使用;"疫"时,感染门诊可以根据实际需要作为筛查门诊或者停用,2~4 层病房转换为隔离病房,P2+ 实验室同步转换成用于筛查的核酸检测实验室;同时,发热门诊诊室、核酸采样点均按照"流行病学史"和"非流行病学史"设有不同诊室。

室内设计也延续了"平疫结合"的设计理念,减少凹凸造型的设计,杜绝卫生死角,避免藏污纳垢。材料方面选择了抑菌、易清洁、耐擦洗的装饰材料;板材与板材的交接位置也是采用密封式的设计。每一个细节均按疫时的需求设计,符合疫情期间的使用需求。抽血检验室与门诊大厅之间的采血窗口设计为可关闭的窗口,窗口开启后不影响工作人员的正常操作。

住院病区严格按照"三区两通道"原则设置,划分"清洁区—潜在污染区(缓冲区)—污染区",设置患者通道和医护通道,并严格按照新型冠状病毒肺炎防控要求设置两个缓冲间,严格控制院内感染。患者走廊靠建筑外侧设置,患者走廊与病房之间设置了内窗,使病房在符合隔离病房要求的同时,也能获得更好的采光条件,提升患者的住院体验;病房内采用暖色调的设计,以增加温馨感,减少病患恐惧,营造如家一般舒适的空间氛围,从而达到更好的医疗效果。◾

**倪阳**

极尚建设集团股份有限公司创始人、
首席设计师

***代表作:*** *上海德达医院、吉林省第二人民医院、北京军区天津疗养院、大连维特奥国际医院、香港大学深圳医院二期、南方医科大学深圳口腔医院(坪山)、泰康来福士高端诊所、泰康楚园康复医院。*

# 天津微医互联网医院

编辑:**王戈**　设计:***深圳市极尚建设集团股份有限公司***　摄影:***上海恩万文化传播有限公司***

# Tianjin We Doctor Internet Hospital

打破传统的看病"围墙",天津首家"线上+线下、全科+专科"互联网医院。

项目基本信息
**项目名称:** 天津微医互联网医院
**项目地点:** 中国,天津
**项目面积:** 约 5 000 m²
**设计时间:** 2019 年 6 月
**完工时间:** 2020 年 7 月

设计单位
**室内设计:** 深圳市极尚建设集团股份有限公司
**主创设计师:** 倪阳
**陈设设计:** 深圳市易家拼拼科技有限公司

其他信息
**材料:** 竹木纤维板、复合金属防火板、同质透心地板胶、SPC 卡扣地板、抗菌水性瓷化墙膜

互联的本质是天人合一、万物共生,因此在空间调性上追求朴实的美,让人们在这个场域内回归真我。在全球防疫过程中,通过互联网线上咨询 + 线下护理模式,有效地实现全民自我健康管理。重塑医生、患者、医院以及产业链的关系,让卫生健康资源使用效率和患者健康服务便捷效能得到双改善。

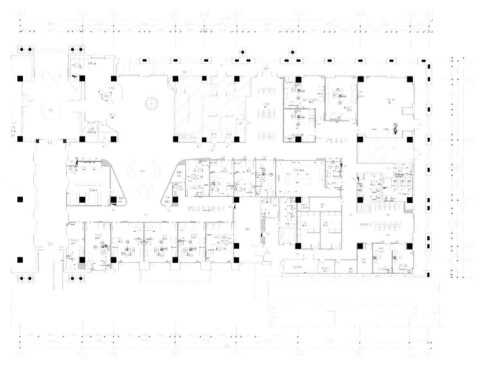

一层平面布置图（医疗板块）

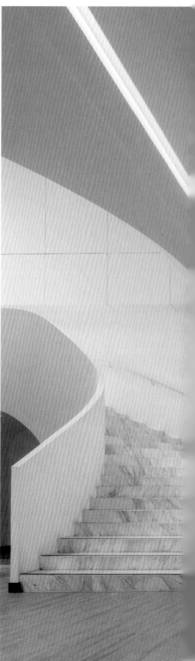

天津微医互联网医院是一个新型医疗健康服务的医疗健康科技平台，集预防、保健、医疗、慢病管理、康复治疗于一体的一级综合医院。通过一系列融合式创新，让人们能够有意识地进行慢病管理和疾病早期干预。

接待区蜿蜒的曲线与硬朗的直线交替呈现，绿植象征着生机和希望，给人们以温柔的呵护。休闲区与接待区一脉相承，带来视觉上的延伸与舒适感。

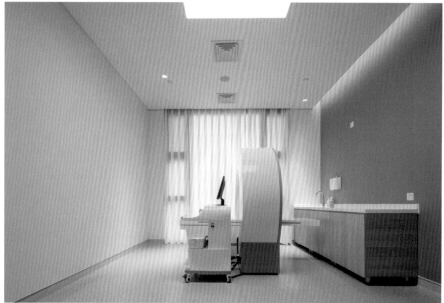

各功能区通道曲线由远及近的微妙变化,打造出竖向空间的层次感,为室内构造增强了空间的秩序感。

二次候诊区除了考虑主要使用功能、形式美外,人的情感寄托、情绪切换也十分重要,空间上考虑人在物理上的私密性和心理上的安全感。

开放简餐区漩涡天花宛如星空,整体设计上充分营造出温馨、亲切的氛围,让患者如入大家庭般温暖,从而改善患者心理情绪。

诊室融入了互联网技术,可随时线上问诊,也可以链接全球顶尖的医疗专家为客户提供专业的服务。

办公区整体引入自然风景,线条的导向性与空间的边界性形成了办公场所的聚合性。

整体始终贯穿"灵动空间"的设计手法,运用绿色环保材料,装配式安装装饰板和铝板,来符合环保洁净化要求。↵

**B+H Architects**

B+H 是一家屡获殊荣的全球建筑设计咨询公司，为客户提供咨询＋设计解决方案。利用建筑和设计实践中核心的可视化和整合技术来理解复杂的数据，并将其转化为具有变革性的设计解决方案，运用到各个领域的建筑和设计中。

成立 70 年来，B+H 为各行各业的客户提供建筑设计、规划设计、景观设计和室内设计服务，打造大胆而富有灵感的空间。如今，全球团队拥有超过 450 位充满探索精神的设计师、场景规划师、战略顾问、文案和各类创意人士……他们积极拥抱变革，挑战现状，致力于打造人性化、富有韧性、健康活力的环境，为社区作出积极的贡献。

# 苏州慧心嘉安诊所

编辑：**蓝山**　文、设计：***B+H Architects***　摄影：**胡义杰**

# Jiahui Health (Suzhou)

B+H高端医疗诊所示范，融合在商场内的苏式现代化诊疗空间。

项目基本信息
**项目名称：** 苏州慧心嘉安诊所
**项目地点：** 江苏，苏州
**面积：** 约为 3 000 m²
**设计时间：** 2018 年 4 月 –2019 年 6 月
**完工时间：** 2022 年 1 月

设计单位
**室内设计公司：** B+H Architects
**主创设计师：** 林建可、陈祺、孙若萱、王博、陈伟立、汤剑舜、金梦奕、Thomas Rogel、潘星霓

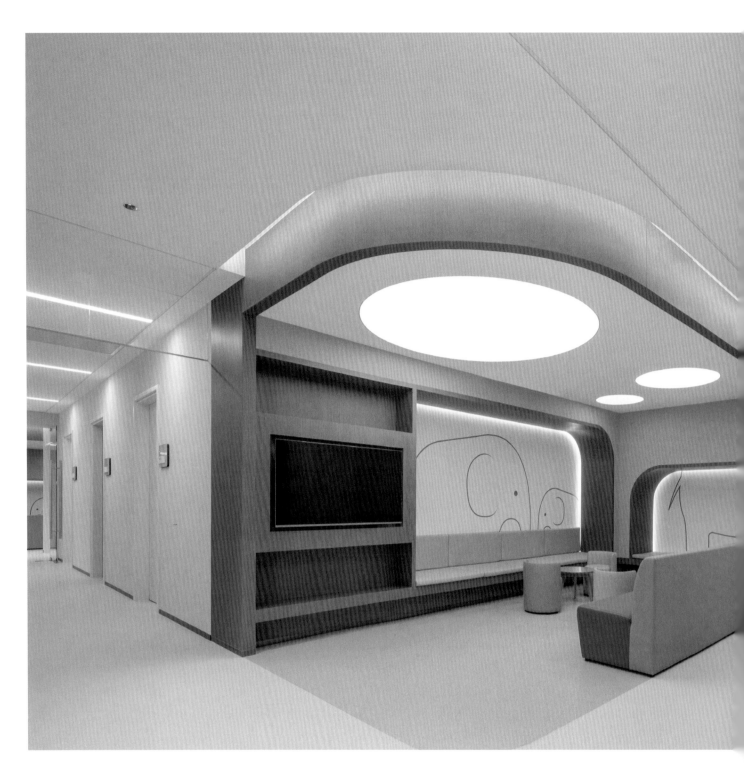

苏州慧心嘉安诊所位于苏州工业园区久光百货4楼,总面积约为3 000m²,包含全科、儿科/儿保、口腔科、康复科、影像科、美容皮肤科、体检等多种医疗功能,是嘉会医疗系统内提供全科门诊和特色专科医疗服务的卫星诊所之一,为周边社区带来优质、便捷和及时的医疗服务。

嘉会医疗以"家庭为中心"的长期持续关怀为核心,遵循国际标准,提供安全可信赖的全方位品质医疗,以满足人生各阶段健康医疗需求。作为苏州久光百货的独特业态,苏州慧心嘉安诊所的植入弥补了原有商业业态的空缺。全科、儿科、体检、医美等多种医疗功能选择,实现了商场诊疗服务的多样化。

**创艺板®洁菌板**
**应用区域:候诊区墙面**

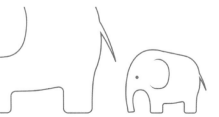

富美家®装饰高压面板洁菌板 1093NDF
山羊灰 Aries
应用区域:接待台家具

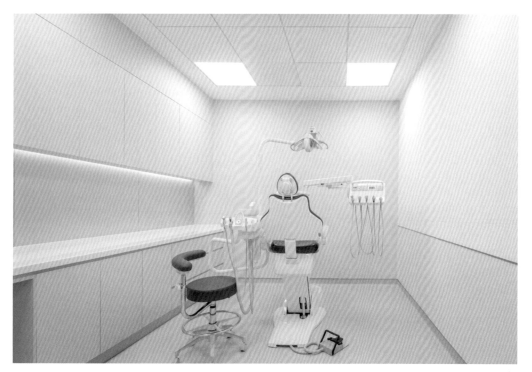

**富美家®装饰高压面板**<sup>洁菌板</sup> 1534NDF
哈蜜瓜 Magnolia
应用区域：诊室家具

　　在设计过程中，B+H 根据
嘉慧医疗的需求和特点，遵循
"高效、灵活、趣味"的空间布
置原则，制定了合理的医疗空
间和公共空间，并实现健康流
线与患者流线、生活功能与医
疗功能的合理分离。医疗空间
的标准化和模块化，大大提高
了空间使用率和灵活度。公共

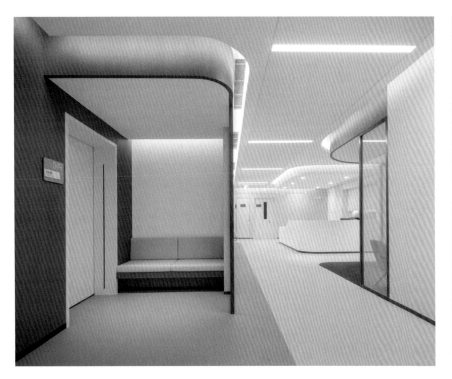

空间结合商业、办公空间的设计手法，与诊所用户及商场消费者开放共享。

苏州慧心嘉安诊所的室内设计灵感，来源于苏州当地传统特色文化，包括苏州园林、茶艺、苏绣等。透过山石意向、造景、层叠隔屏，将园林印象引进大堂接待与等候区。色调上大胆使用深、浅灰以及白色，搭配局部深金属色线条，风格明确、简洁。等候区的丝质隔断、茶桌等，是非物质文化遗产的延续，为空间融入人文艺术气息。

项目鲜明的设计特点，完整地诠释了古今结合的独特诊疗空间魅力，在提供本土化高端诊疗服务的同时，打造嘉会医疗专业的国际医疗品牌形象。

**北京一工建筑装饰工程有限公司**

北京一工建筑装饰工程有限公司创建于 1996 年，是一家从事室内、建筑及工程设计及管理的公司。二十多年来，公司已经在中国完成了 1800 多项工程，主要从事办公空间室内设计，建筑、教育和医疗机构设计等。

**代表作:** 北京新德恒门诊部、青岛和睦家医院、北京泰康燕园康复医院、嘉会医疗(杨浦)嘉尚门诊部、平安健康(检测)中心、南昌平安好医医学影像诊断中心、新东苑·快乐家园护理院、江苏国际旅行卫生保健中心、艾尔建美学上海创新中心、卡尔史托斯中国(上海)总部、武田中国总部。

# 嘉会医疗（福田）
# 深圳嘉荣综合门诊部

编辑:蓝山　文:北京一工建筑装饰工程有限公司　设计:北京一工建筑装饰工程有限公司
摄影:*Boris Shiu*

# Jiahui Health (Futian)

通过"去标识化"设计，为患者营造温馨舒适的就诊氛围。

项目基本信息
**项目名称:** 嘉会医疗（福田）深圳嘉荣综合门诊部
**项目地点:** 广东，深圳
**面积:** 2 600 m²
**设计时间:** 2020 年 4 月
**完工时间:** 2021 年 7 月

设计单位
**建筑设计:** 原建筑改造
**室内设计:** 北京一工建筑装饰工程有限公司
**主创设计:** 北京一工建筑装饰工程有限公司
**陈设设计:** 北京一工建筑装饰工程有限公司

其他信息
**材料:** 矿棉板、石膏板、乳胶漆、塑胶地板

嘉会医疗（福田）深圳嘉荣综合门诊部位于深圳一座商城的二层。设计伊始，可视和识别性就是设计的要点。在这样喧嚣的环境里，设计师无意于浓墨重彩的渲染，只是寄意海边沙滩撑起的遮阳伞，为访客和医患提供一层温柔的呵护和一片舒适的清凉。

入口门厅，如同沙滩一般的地面一层层铺开，几组轻松、舒适的休息等候家具点缀其间，穹顶灯光如星月般明亮。进入诊所，焦虑的心情可以迅速得到舒缓并安静下来。需要说明的是，嘉会医疗的 logo 形如一把张开的伞，或是一个穹顶，给顾客提供一生的呵护。"成为患者与家人信赖的健康伙伴"正是嘉会医疗的使命。在一工公司的设计中，为患者提供高效

的服务和真诚的关怀是贯穿整个空间设计的主题。

门诊部设有健儿、患儿、全科、口腔科、影像科和医美共6个诊区以及1个独立的贵宾区。在医疗规划中，健康客户和门诊患者的流线相对独立。健儿预留有独立的出口，患儿和健儿通过半封闭的护士站连通。全科、影像科之间形成环路，满足未来的体检需求。口腔科和医美各自处在相对独立和安静的区域。

为了缓解客户问诊时"急、怕、弱"的情绪，包含护士站、卫生间、茶水点的服务单元被设置在各个科室的入口，以方便患者能快速取得帮助。其中半开放的护士站便于患者问询，减少医患隔阂。醒目的方向导引设于诊所和各个诊区的入口，为访客提供清晰的引导。在温暖的中性色调中，每个诊区都有自己的主题色作为点缀，一方面活泼了氛围，另一方面颜色也成为科室间的分区标志，为患者提供引导。标识系统被融入装饰中，通过"去标识化"设计弱化医疗感。◢

**石大年**

大铭设计创始人 / 创意总监

美国纽约 Pratt Institute 室内设计硕士

中国年度十佳医院设计师

*代表作：海南省肿瘤医院、海南成美国际医院、上海优仕美地巨富里医院、深圳市龙岗区耳鼻咽喉医院迁建工程、台北医学大学医学院第三医疗大楼、台北桃园长庚医院、台北荣民总医院、南京银城康复医院、北大国际医院。*

大铭室内建筑设计
Da Ming Design Consultants

# 上海优仕美地巨富里医院（静安）

编辑：**蓝山**　文：**王丹京、晋永辉**　设计：**北京大铭室内建筑设计有限公司**　摄影：**李雪峰**

# Shanghai Yosemite Hospital (Jing An)

运用"六感设计"概念，提升人们对情感和心理感受的关注。

项目基本信息

**项目名称：**上海优仕美地巨富里医院（静安）

**项目地点：**上海

**面积：**2 400 m²

**设计时间：**2018 年 1 月

**完工时间：**2019 年 5 月

设计单位

**室内设计：**北京大铭室内建筑设计有限公司

**主创设计：**石大年、李月桂、晋永辉、杨洁、梁晨

**陈设设计：**北京大铭室内建筑设计有限公司

**机电设计：**张斌

**施工单位：**PPCG

其他信息

材料

**地面：**仿石纹地砖、PVC

**墙面：**墙纸、玻璃、墙纸、自洁漆

**天花：**石膏板天花

**固定家具：**人造石、防火板

上海优仕美地巨富里医院（静安）（下简称巨富里医院），位于法租界的一栋旧式洋楼，邻近浦西嘉里中心，经历一年多时间精心筹建，最终得以呈现。巨富里医院是一家为国内外患者提供全科＋多专科综合科室的专业诊疗服务机构，满足广大患者"一站式"的医疗服务需求。

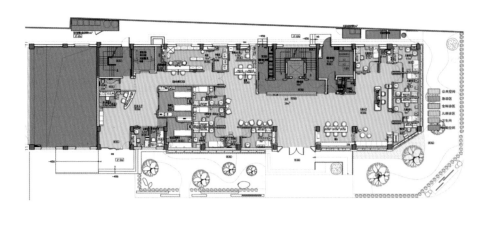

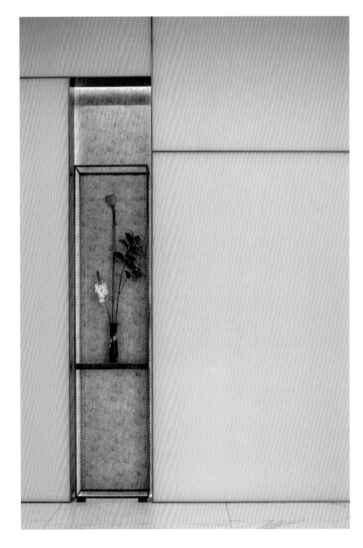

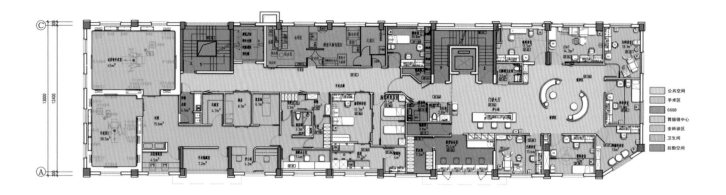

作为项目的设计方,北京大铭室内建筑设计有限公司(下简称大铭设计)在对洋楼本身的建筑条件进行勘查和分析之后,发现每层空间狭长且面积不大。空间结构、消防条件、垂直运输、机电负荷等各方面的限制暂且不说,单从如何满足医疗空间的严苛标准这一角度来说,对设计师都是巨大的挑战——"螺蛳壳里做道场"。经过设计师精准设计,医院场地总面积达 2 400m²,满足一级医院所需的所有功能,共计 128 个房间。大铭设计在本案设计中作为室内总包角色,负责内装设计、景观方案设计、机电设计、软装设计、标识设计、驻场设计以及设计全程监管的工作等。

本设计运用东方文化的简约与东方美学的融合来创造一个空间。而宋代美学以其淡雅、极简气质在设计师的笔下脱颖而出,并与法式洋楼的浪漫不期而遇,在内外之间展现了历史的交汇。设计用独特的语言传递出东西方文化的交融与和谐。

设计师巧妙地运用西方美学的"黄金分割比例"将传统的水墨画分解,融入新的墙面分割中。化有形为无形的表现手法为访客带来惊喜的同时,又将其视线转移到极具宋代美学的艺术品与画作中,移步易景地体会东西方文化交融的气韵。

在这个空间里,设计师秉承"看不见设计"的精神,用材料自身的特质来表现东方山水的意境。摒弃复杂造型,不采用昂贵材料,以环保、节能、高效的理念营造出令人身心放松的医疗空间。◡

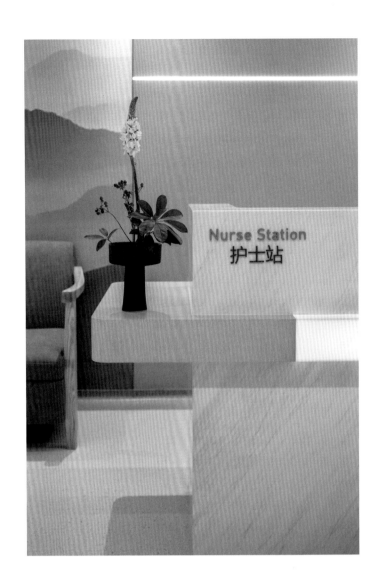

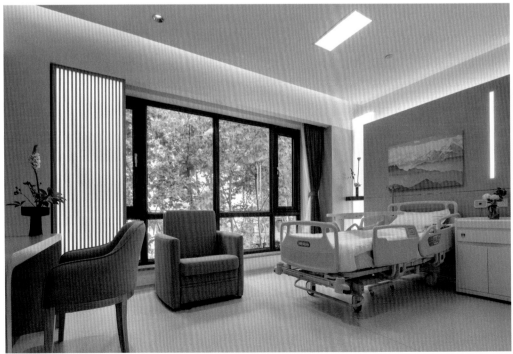

**邓琳爽**
戴文设计合伙人、医养事业部总监

**代表作:** 淄博市中心医院、重庆市江北区人
民医院、新疆若羌县人民医院、广西巴马瑶族
自治县妇幼保健院、江阴临港医院、上海安达
医院。

dpall 戴文设计

# 淄博市妇幼保健院

编辑:**王戈**　设计:**戴文工程设计(上海)有限公司**　摄影:**建筑译者 姚力**

# Zibo Maternal and Child Health Care Hospital

一所温暖又神圣的妇幼保健院。

项目基本信息
**项目名称:** 淄博市妇幼保健院
**项目地点:** 山东,淄博
**项目面积:** 178 000 m²
**设计时间:** 2018 年
**完工时间:** 2020 年

设计单位
**建筑设计:** 戴文工程设计(上海)有限公司
**主创设计师:** 邓琳爽
**合作设计单位:** GAD 杰地设计

淄博市妇幼保健院新院区位于山东省淄博市张店区,南邻天乙路,西邻天津路,北邻开发区中路。医院科室设置采取"大专科、小综合"的模式,围绕保健中心、妇女保健中心、儿童保健中心这三大专业,拟建一座平均日门诊量三千人次,床位一千张,并设置有综合科室,以及体检、康复等相关功能的三级甲等妇科医院。

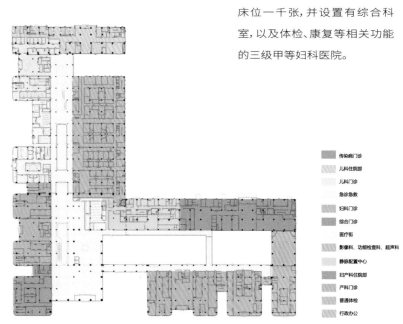

传染病门诊
儿科住院部
儿科门诊
急诊急救
妇科门诊
综合门诊
医疗街
影像科、功能检查科、超声科
静脉配置中心
妇产科住院部
产科门诊
普通体检
行政办公

"院中院,园中园——院中有园,园中有院",是这家妇幼保健院的设计理念,设计师意图打造一座绿色环保、亲切近人的智慧型妇幼保健院。

设计以医技为中心,将医院分为两个院区,分别为健康人群和病患人群服务区。保持两个院区在功能分区和出入口上的独立性,但又通过医技和医疗街区相互联系,避免了两类人群的相互干扰。

通过分院区和分诊单元两个层次的细分,摆脱传统大型医院空间大、流线长、人员混杂的问题,形成"院中院"的格局。

建筑的功能布局以高效、绿色、模块化为原则。整个功能布局基于对患者、医生以及洁污物三者流线的分析、梳理和整合,力求找到能同时实现功能清晰、流线简短高效、医患分流、洁污分流等多个目标的最优解。

一个时尚、国际化、人性化、个性化的妇幼保健院,应该兼具女性审美的纯净优雅以及儿童的活泼天性,兼收并蓄、融会贯通、灵动自然。

设计师用连续、流动的建筑形式语言,塑造整座建筑群落关系。裙房、主楼、中庭、大厅等要素整体设计,一气呵成,在富有雕塑感的形体上,覆以白色金属铝板材质。在这白色纽带飘舞之下,将各个分诊单元设计成一座座彩色小体量,使人们穿梭于其中。⌐

**瑞士瑞盟**

瑞士瑞盟 Lemanarc 总部位于瑞士洛桑，在瑞士苏黎世和中国上海设有办公室，是瑞士顶尖设计事务所之一，也是瑞士最重要的国际医疗设计公司，专业为医疗养老项目提供综合、全程、互动、远见的策划、设计、国际医疗导入、国际合作交流、管理运营等服务。

**张万桑 Vincent Zhang**

瑞士瑞盟设计首席建筑师

中国医学装备协会医院建筑与装备分会建筑规划设计学组副主任委员

全国医院规划设计方案评审／评价专家委员会专家

**代表作：**南京鼓楼医院、上海市东方医院、南京市公共卫生医疗中心、厦门弘爱医院、南京浦口新城医疗中心、厦门弘爱妇产医院、瑞士艾格勒康养综合服务中心、广元市中心医院医养结合项目（医疗中心）、医养结合产业园、沪东区域医疗中心、济宁市公共卫生医疗中心、南安市医院新院区、无锡医疗健康产业园（无锡市妇女儿童医疗保健中心）。

# 厦门弘爱妇产医院

编辑：**蓝山**　文：**张万桑 Vincent Zhang**　设计：**瑞士瑞盟Lemanarc**
摄影：**张万桑 Vincent Zhang、夏强、李志辉、黄晓婷**

# Xiamen Humanity Maternity Hospital

从室内各处的时尚、温馨到立面纱网的羞涩与轻盈，散发着美学气息，体验初为人母的幸福感。

项目基本信息
**项目名称：**厦门弘爱妇产医院
**项目地点：**福建，厦门
**占地面积：**23 443 m²
**建筑面积：**94 000 m²
**楼层数：**10 层
**床位数：**600 张
**项目设计时间：**2018-2020 年
**项目完成时间：**2021 年 9 月

设计团队
**建筑设计：**瑞士瑞盟设计
**室内设计公司：**瑞士瑞盟设计
**主创设计师：**张万桑
**医疗功能规划、医疗流程设计：**张万桑、Daniel Pauli
**其他设计团队成员：**曹峰、夏金灵、董卫彬、Cristiano Sardinha、Casiana Kennedey
**中国甲级合作院：**林产工业规划设计院厦门分院
**室内施工图：**上海康业建筑装饰工程有限公司
**景观设计：**深圳市迈丘景观规划设计有限公司
**幕墙施工图：**林产工业规划设计院厦门分院
**施工总包单位：**福建省五建建设集团有限公司
**项目现状：**2021 年建成投入使用
**工作内容：**规划设计、医疗功能规划、医疗流程设计、建筑方案设计、室内方案设计

其他信息
**客户：**厦门弘爱妇产医院有限公司
**项目投资：**5.6 亿人民币

"生小孩不是病",厦门弘爱妇产医院为产科提供更具针对性的专业服务,旨在使生孩子成为一件安全且幸福的事情。

厦门弘爱妇产医院总建筑面积约 94 000 m²,总高度约 48 m,规划设计 600 张床位,由共同的裙房与南北两侧的住院塔楼组成无风雨的一体化医院。

柔美的弧形建筑为医院户外提供了独立的产科花园、妇科花园、住院花园甚至下沉花园。从入口开始,产科与妇科便各具动线,互不干扰。建筑错落有致的曲线更为各层内部空间引入近身的空中花园。

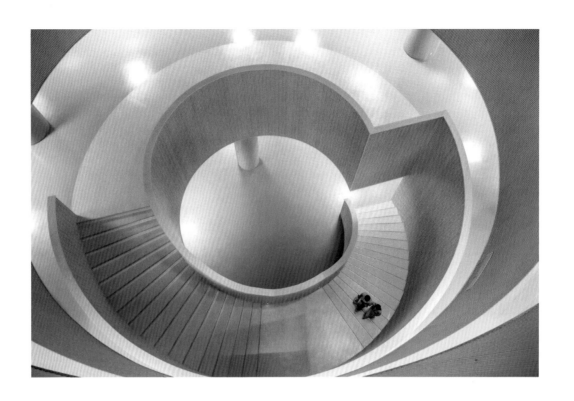

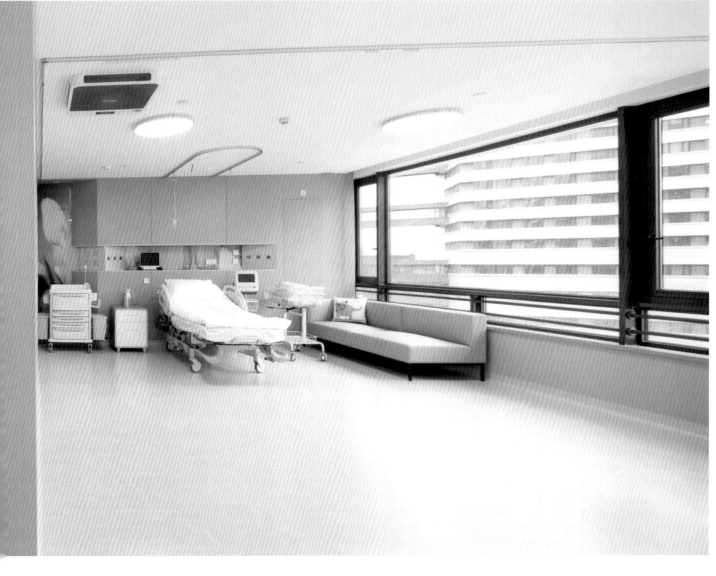

柔美外表的内部却是理性清晰的动线与功能模块。内部正交的模数化、模组化与模块化设计让各医疗功能得以方便地置换与发展。

专业的手术、ICU、NICU 在保障生育安全的同时，预产、产房、LDR 产房、LDR-P 产房、产后病房、VIP 病房等形成从预产到产后康复及育儿成长的全链条服务。

从室内各处的时尚、温馨到立面纱网的羞涩与轻盈；从代表生生不息的蒲公英彩绘到充盈阳光与月光的中心休憩大厅，无处不散发着生育美学的艺术气息，让人们在这里生育成为一种享受。

**任继君**

北京曜正工程设计有限公司

创始人、设计总监

**代表作：**北京明德医院、北京和睦家医院系列诊所、北京希玛林顺潮眼科医院、河北生殖妇产医院、上海优仕美地医疗、嘉兴悦程妇产医院、北京京都儿童医院、浙江大学医学院附属第一医院余杭院区、湖南三博脑科医院等。

曜正设计
GLORYDESIGN

# 北京京都儿童医院

编辑：**杨阳**　设计：**任继君**　摄影：**如初商业摄影**

# Beijing Jingdu Children's Hospital

以自然为主题，给孩子们带去善意、美好的童年记忆。

项目基本信息

**项目名称：**北京京都儿童医院

**项目地点：**中国，北京

**项目面积：**15 000 m²

**设计时间：**2018 年

**完工时间：**2019 年

设计单位

**室内设计：**北京曜正工程设计有限公司

**主创设计师：**任继君

**软装设计：**北京曜正工程设计有限公司

其他信息

**撰文：**任继君

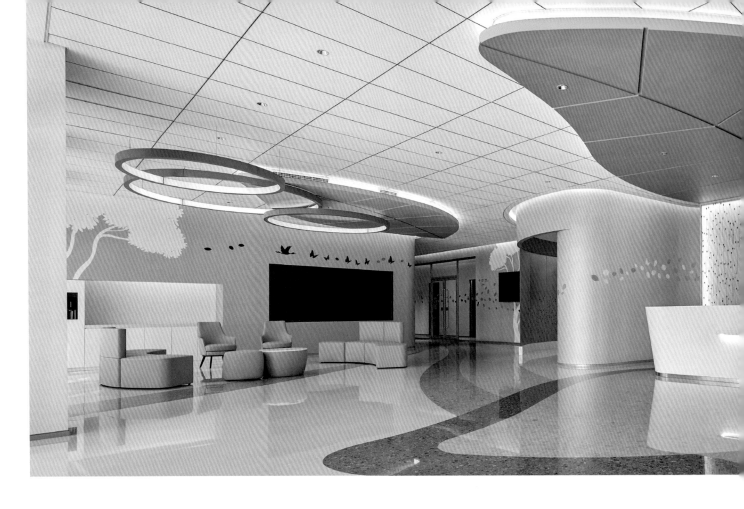

**富美家®装饰高压面板**洁菌板 0949
**雪白 White**
**应用区域：护士站家具/病房家具**

　　北京京都儿童医院是一所三级儿童医院，专业为儿童提供高品质医疗服务。设计师以自然为主题，将森林、海洋、动物元素贯穿整个空间。

　　进入一层 VIP 门诊接待大厅，接待区天花与地面采用微观树叶的造型，将空间的主题性凸显出来。流线型背景墙面区域采用灰白色系列，用远景抽象树木剪影图案进行衬托，使有限的空间产生深远的空间效果。灰色远景墙面中"流动"着色彩明快的树叶与飞鸟图案，在同一层次的实体空间中又体现出虚实的空间变化，拓展着人们的想象空间。

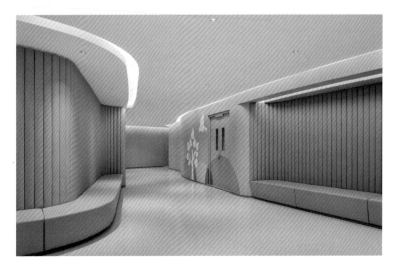

**富美家®抗倍特®洁菌板 6901**
活跃绿 Vibrant Green
应用区域：走廊墙面

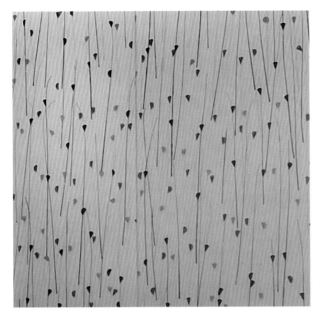

**富美家®装饰高压面板**洁菌板 9005 靓木 Fineline
**应用区域：** 走廊墙面/诊室门/病房墙面/医疗家具

二层的康复门诊，原有空间等候区不足，改造后利用空间走廊的边沿压缩出一部分等候空间。墙面与座椅的绿色色彩增强等候区的空间心理稳定感。儿童早教发展中心的门诊接待处，棉花糖形状的云朵和心形飘落的树叶，制造出奇幻的儿童世界。儿科保健中心位于公共大厅一侧，入口处的玻璃与大厅共用，这里就是森林与海洋的交汇处，青山绿水的自然意向让人陶醉。公共扶梯是医院人流量最大的交通空间，海洋生物主题的电子交互影像与行走其间的患者互动，让孩子和家长都能感受到趣味性与轻松的体验感。

五层是病房区，每间病房内都有属于孩子的独立主体活动空间。

心理学家说，儿童时期的经历是潜意识和情感问题的根源，北京京都儿童医院希望能带给孩子们善意、美好的童年记忆。⏎

**丁晓岚**

上海和绚室内装饰有限公司设计总监

**代表作：**上海红睦房中城医院、汕头国瑞医院、广州中山大学附属肿瘤医院PET-CT治疗中心、广州爱博恩妇产医院、天津爱玉仑德妇产科医院、长沙生殖医学医院、河南省人民医院辅助生殖中心、海上花田医美诊所、广州南方医院PET中心。

# 上海红睦房中城医院

编辑：**王戈**　文、设计、施工：**上海和绚室内装饰有限公司**　摄影：**鲁哈哈**

# Shanghai Hopemill Healthcare Hospital

拓扑之美——一家专注于中高端市场的妇科医院。

项目基本信息
**项目名称：** 上海红睦房中城医院
**项目地点：** 上海
**面积：** 9 225 m²
**设计时间：** 2019 年
**完工时间：** 2020 年 4 月

设计单位
**室内设计公司：** 上海和绚室内装饰有限公司
**设计负责人：** 丁晓岚

其他信息
**材料：** 木纹防火板、彩色防火板、彩色乳胶漆、定制壁纸、人造石材、金属烤漆

康复和形体中心
REHABILITATION AND BODY SHAPING CENTER

在本次概念设计中,拓扑的概念贯穿整个医疗空间。从接诊门厅、公区走道、商业休闲区、诊疗空间,到地面、墙面、天花、家具,这些都象征着生命与完美的几何弧线无远弗届。

以椭圆形为基础,通过偏移的方式向外扩展,最终以造型灯具的方式表达在商业区天花上。将商业区吧台作为起始点,以正圆为形态,蔓延至一层所有区域,由商业区可见的"圆"变化到各个区域大小不一的"弧"。

病房以患者及医护的使用为前提,统筹规划了病床、床头柜、设备带点位、书桌、家属陪护等功能。

非医疗类家具以融合到整体空间为原则，由院方 VI 标准色转换提炼而来的浅灰蓝运用到渐变壁纸、窗帘、活动座椅上。

诊室同样以患者及医护的使用为前提，统筹规划了诊桌、检查床、台盆柜、衣柜、医用帘等。浅灰蓝墙面等呼应整体空间的色彩体系规划。

本次平面规划过程，设计团队始终将诊室、病房沿窗设置，给予充足的自然采光。建筑本身在各个楼层营造了大量的内庭院及天窗，室内空间设计时延续这一采光优势，使所有病房层的护士站区域、走廊区域都能享受到阳光照射。

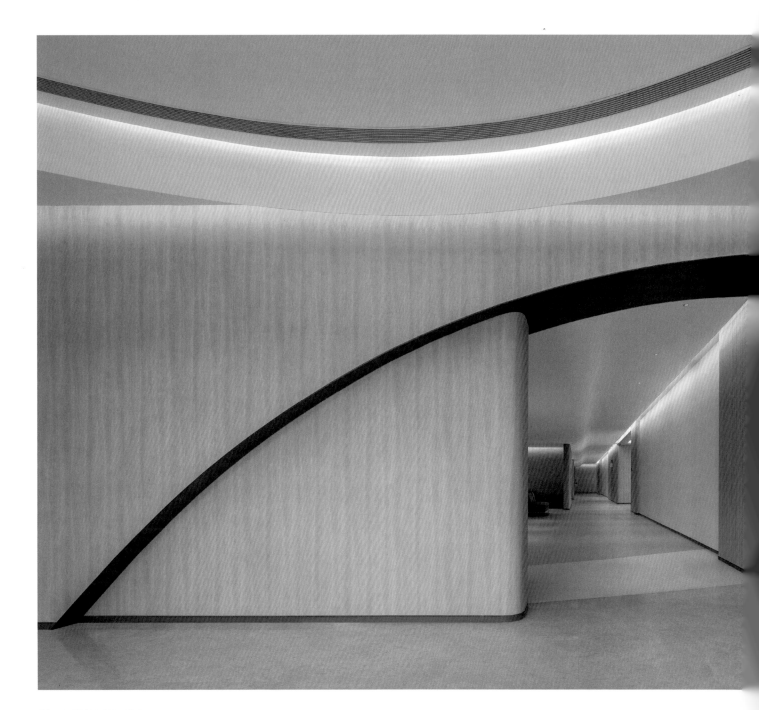

**J&A 杰恩设计**

深圳市杰恩创意设计股份有限公司（简称"J&A"或"杰恩设计"），是一家面向未来的大型综合性室内设计公司，主要深耕商业综合体、办公综合体、医养综合体、交通综合体、文教综合体 5 大设计领域。2017 年，J&A 成功登陆 A 股市场（300668.SZ），在美国权威杂志 *INTERIOR DESIGN* 2019 全球设计巨头排行榜中，J&A 综合排名全球第 25，其中商业设计排名全球第 3。

**设计公司代表作：** *深圳市大鹏新区人民医院、深圳市中医院光明院区、深圳市南山区人民医院、安康高新国际标准医养医院、深圳吉华医院、济南唐冶三甲医院、沈阳爱尔眼科医院、重庆佑佑宝贝妇儿医院。*

# 重庆佑佑宝贝妇儿医院母婴照护中心

编辑：**蓝山** 文、设计：**J&A杰恩设计** 摄影：**何宇**

# Chongqing Youyou Baobei Women and Children's Hospital (Maternal and Child Care Centre)

"去儿童化"设计理念及人性化的设计细节为用户带来全新医疗体验。

项目基本信息
**项目名称：** 重庆佑佑宝贝妇儿医院母婴照护中心
**项目地点：** 重庆
**面积：** 7 610 m²
**设计时间：** 2020 年 11 月
**完工时间：** 2021 年 9 月

设计单位
**建筑设计：** 日本久米设计
**室内设计公司：** J&A 杰恩设计

其他信息
**材料：** 富美家装饰高压面板、瑞亚特墙板、地胶、墙纸、环保涂料等

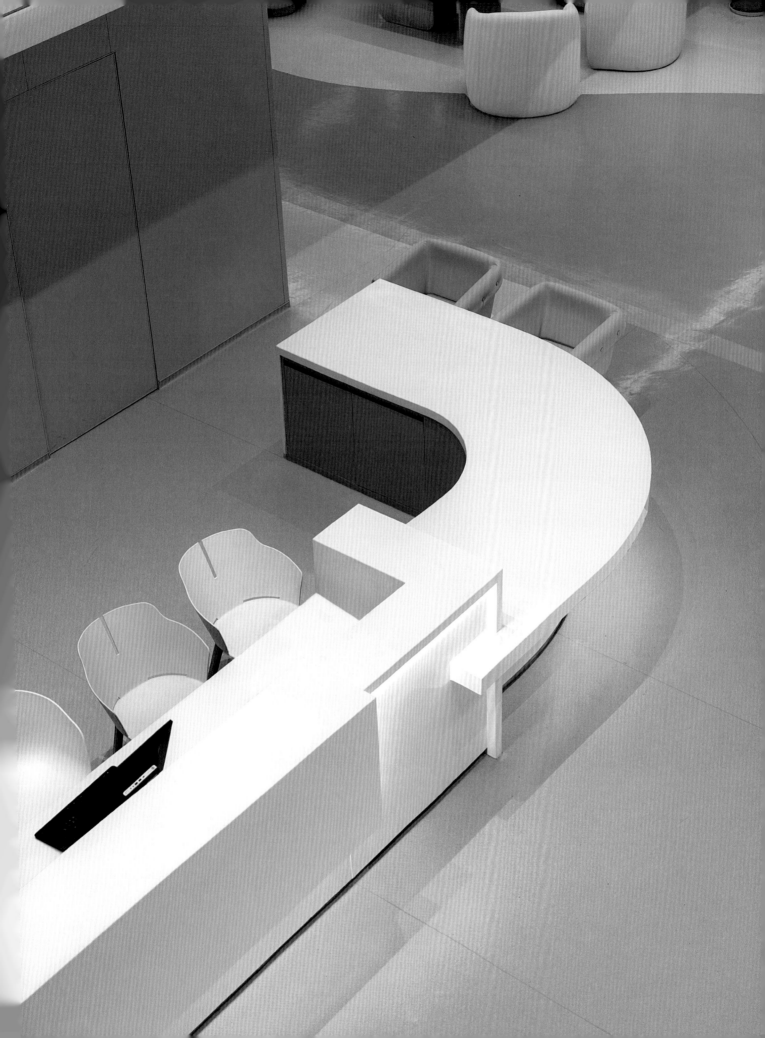

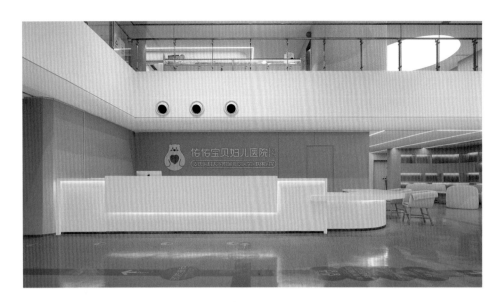

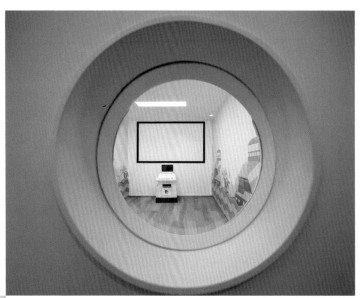

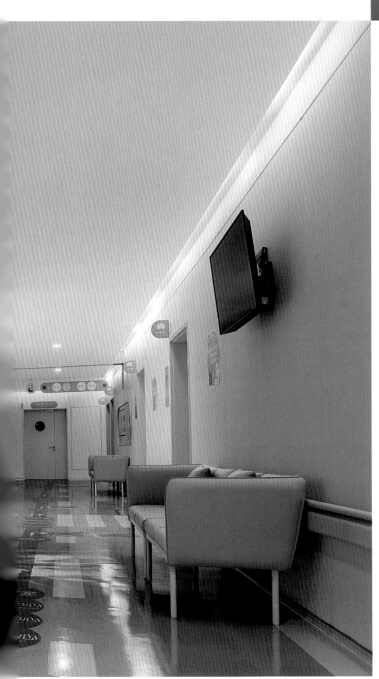

如何才能为母婴群体创造安全无忧的环境？J&A 杰恩设计在佑佑宝贝妇儿医院母婴照护中心项目中采用"去儿童化"的设计理念和人性化的细节设计，为用户带来不同于传统医院的空间体验。阳光、绿植、清新的空气带给空间活力，天然的材质营造酒店般的舒适关怀，以自然之景造疗愈之境。

在本项目中，设计师力求营造舒适、放松氛围，以朴实、自然的材质打造具有人性关怀的空间。设计团队关注空间安全、人性化和舒适度，适当设置艺术装置，增加空间的趣味性。通过色彩的对比，传达积极乐观的正面情绪，让空间轻松、舒适、充满活力。

在本项目中，设计师还针对母婴需求，在空间系统中配置了恒温系统和灯光系统以及适应母婴的卫浴和用品。房间中主要为间接光源，全区域无主灯设计，防止强光对母婴的刺激，打造温馨、柔和的酒店式

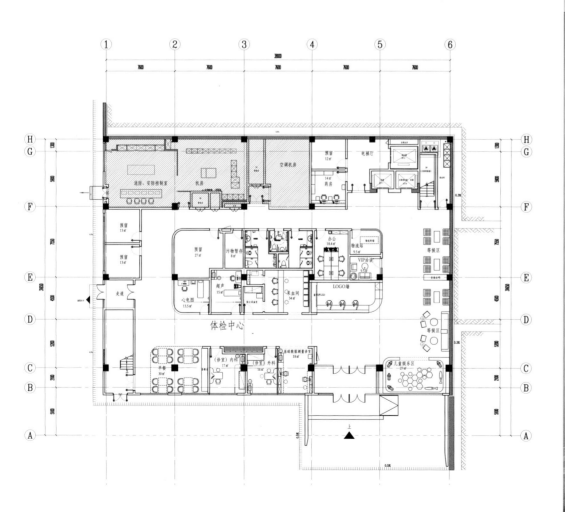

空间氛围。此外,每层还设独立的公共区,其设计小而精,满足会客、产妇休憩及家属办公等多功能用途。考虑到户内外动线优化,每间房都有专属的名称,设计独立入户以增强仪式感。

为拉近空间与母婴的关系,设计中采用了具有居家氛围的色彩和光效,从而提高了舒适度、安全感,极具人性化。自然现代风格,追求自然材质带来的体验——运用木饰的质感展现出温和的一面,局部以石材造型加以点缀,更具亲和力。柔和的布艺增添了独有的宁静与安逸,赋予了空间温馨的氛围。

**富美家®装饰高压面板**<sup>洁菌板</sup> 6412 浅栗原木(直) Oak Riftwood
应用区域：病房家具

**富美家®装饰高压面板**<sup>洁菌板</sup> 8844 老桉木(山) Aged Ash
应用区域：病房家具

**李江**

**John Li Studio 创始人**

**代表作：**昆明安琪儿生殖医学中心及产康医美中心、北京伊摩医疗美容诊所、重庆安琪儿产康医美中心、昆明维蜜妇科诊所、银川丽人产康医美中心、北京新世纪儿科诊所、上海瑞尔口腔诊所等。

# 昆明维蜜妇科诊所

编辑：**杨阳**　文、设计：**李江**　摄影：**沙鹏**

# VMISS Gynecological Clinic,kunming

创造独一无二的体验，让医疗空间讲述自己的故事。

项目基本信息
**项目名称：**昆明维蜜妇科诊所
**项目地点：**云南，昆明
**项目面积：**1 200 m²
**设计时间：**2021 年 1 月
**完工时间：**2021 年 7 月

设计单位
**室内设计：**John Li Studio
**主创设计师：**李江
**软装设计：**格策软装设计行
**项目施工：**中润泰邦建筑工程有限公司

其他信息
**材料：**Armstrong PVC 地板、Bolon 编织地板、Bform 树脂板、富美家防火板、西顿照明

昆明维蜜妇科诊所是集妇科医疗、女性私密、产后康复及医疗美容为一体的医疗机构。在设计之前，设计团队去云南西双版纳采风。在亚热带雨林里，他们近距离观赏到孔雀，被孔雀开屏和闲庭信步的优雅姿态所吸引。

孔雀是善良、美丽、吉祥与幸福的化身，是云南的象征符号。受其启发，设计师李江以"雀之灵"为概念，将孔雀的优美与自然灵性化为空间里的艺术，表现了女性生命的骄傲和自豪。

进入电梯厅，波浪形的墙面如同剧场大幕徐徐被拉开。接待区和等候区采用开放的布局，孔雀开屏意向的天花板，致敬云南舞蹈艺术家杨丽萍。在技术与艺术的触碰间，心境开始舞蹈。

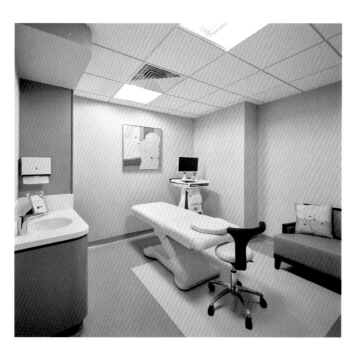

大厅一侧的咨询室采用悬挂的蓝色树脂板弧形墙面，形成既围合又通透的半敞开格局。树脂板材料在不同光线下，呈现出如同孔雀羽翼般闪耀着光辉的视觉效果。

通往私密诊区的S形走廊，让空间形成迂回的气韵，倾斜的墙面造型仿佛一首流淌的旋律，又似孔雀开屏般炫耀着自己的美丽。

在私密VIP室，设计师打造出一个充满艺术感的会客厅，以新角度解构私密健康，探寻私密之境。

"一个好的医疗空间会讲述一个故事。"设计师李江总是努力创造最独一无二的就诊体验，让每个人都可以在这里拥有自己的故事。

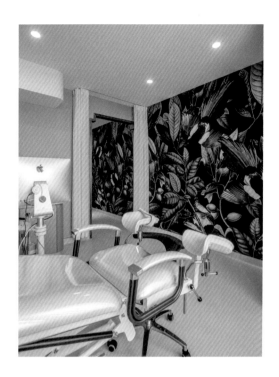

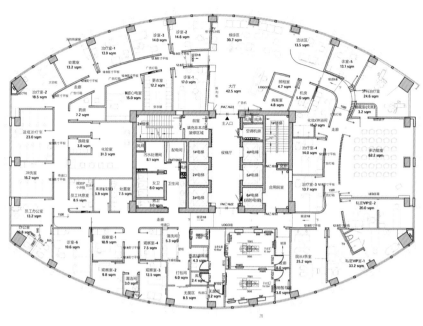

**李江**

**John Li Studio** 创始人

**代表作：**昆明安琪儿生殖医学中心及产康医美中心、北京伊摩医疗美容诊所、重庆安琪儿产康医美中心、昆明维蜜妇科诊所、银川丽人产康医美中心、北京新世纪儿科诊所、上海瑞尔口腔诊所等。

# 成都安琪儿儿童保健与早期发展中心

编辑：**杨阳**　文、设计：**李江**　摄影：**赵彬**

# Angel Child Healthcare & Early Development Center,Chengdu

把冰冷的诊所变成温暖的童话世界。

项目基本信息
**项目名称：** 成都安琪儿儿童保健与早期发展中心
**项目地点：** 四川，成都
**项目面积：** 650 m²
**设计时间：** 2021 年 1 月
**完工时间：** 2021 年 7 月

设计单位
**室内设计：** John Li Studio
**主创设计师：** 李江
**软装设计：** 格策软装设计行
**项目施工：** 中润泰邦建筑工程有限公司

其他信息
**材料：** LG PVC 地板、星立方高晶板天花、Bform 树脂板、防火板

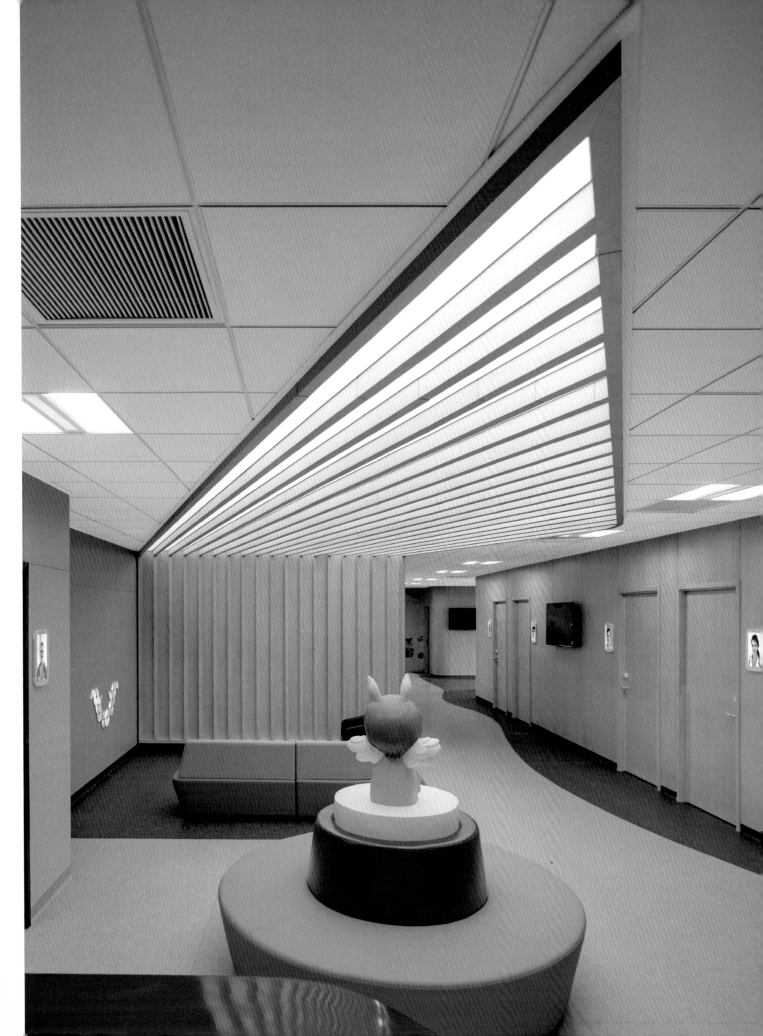

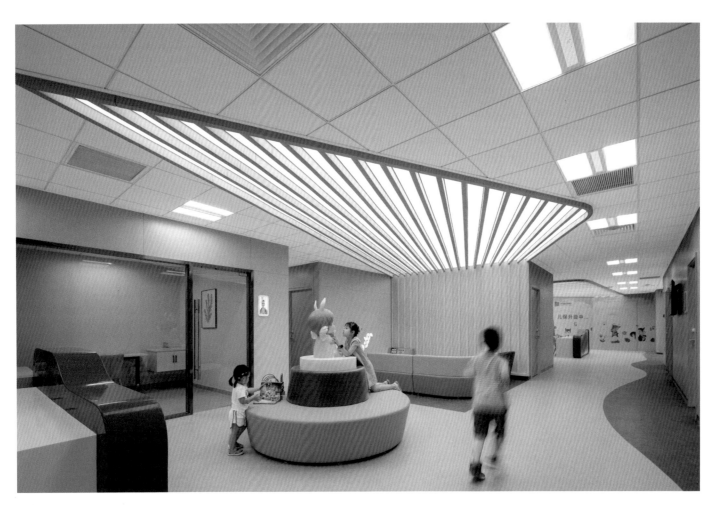

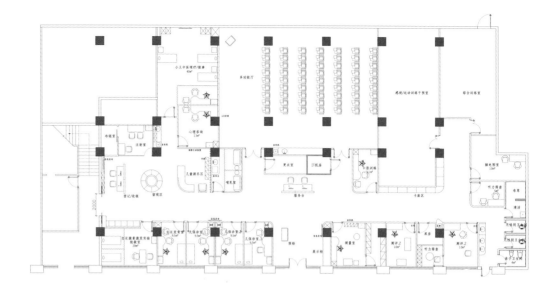

儿童早期发展（early child development,ECD）是指儿童从胎儿到 8 岁前的体格、心理和社会能力的生长和发育过程。成都安琪儿儿童保健与早期发展中心从健康、营养、安全（保护）、回应性照料和早期学习 5 个方面对孩子进行健康监测及健康管理。

在成都安琪儿儿童保健与早期发展中心的室内设计中，设计师试图把这个冰冷的诊所变成温暖的童话世界。"很高兴遇见你，天使宝贝。在安琪儿，我们用世间独一无二的爱，将你护佑，护你茁壮成长，祝福每位天使宝宝，在未来的日子里羽翼渐丰，展翅翱翔。"以这首诗为灵感源泉，设计师赋予成都安琪儿儿童保健与早期发展中心"天使之翼"的设计概念，寓意安琪儿为孩子成长赋能。

设计师提取翅膀造型进行抽象变形，应用于接待区和儿童游乐区的墙面和天花板，并将羽毛以设计语言进行表达，用于诊室的天花板。从诊室的羽毛到公共空间的翅膀变化，寓意天使宝宝羽翼渐丰、逐渐成长的过程。防撞的圆弧边角、粉色的色彩、漫反射的照明、吸音天花材料……各种设计手段的使用都力图营造出如羽翼般呵护的氛围，成就一个温暖、舒适、包容的空间。◢

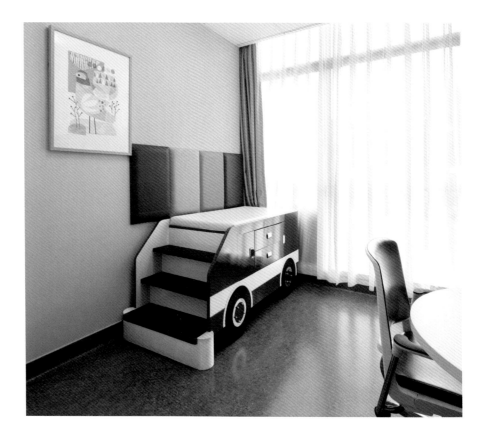

**金鑫**
九社建筑设计咨询有限公司创意总监

**成都 KING DESIGN**
致力于打造设计型商业空间及高端住宅空间,以设计为核心出发点,为空间赋能,力求打造集美学、功能、照明等于一体的高标准设计空间。

*代表作:灼酌日式料理、蒂梵朵智能门窗专卖店、瑟克产品专营店、曼宁香泰式餐厅。*

# 锦欣樱桃优孕

编辑:**杨阳**　设计:**金鑫**　摄影:**季光**

# Jinxin Cherry Care

基于人的感受,将功能和审美结合,塑造复合化的需求。

项目基本信息
**项目名称:** 锦欣樱桃优孕
**项目地点:** 四川,成都
**项目面积:** 300 m²
**设计时间:** 2021 年 10 月
**完工时间:** 2021 年 12 月

设计单位
**室内设计:** 九社建筑设计咨询有限公司
**主创设计师:** 金鑫
**软装设计:** 吉悦设计

其他信息
**材料:** 艺术涂料、实木复合地板、原木色木饰面

锦欣樱桃优孕是为育龄期女性提供健康医疗向导的机构，集检查、评估、养护、诊疗等解决备孕问题于一体的一站式医疗机构。设计师希望优孕中心能带来艺术画廊一样的感受，让客户能轻松、愉悦地度过诊疗时间。

设计师将公共区域设计成步入式"画廊"，通过弧形的洞穴式入口进入其中。这种被包裹感让客户瞬间放松下来。

进入空间，豁然开朗。光线通过弧形的窗柔和地洒进来。空间颜色以米白色和粉色为主，红色为空间的点缀色。地面铺就温暖的木地板，营造轻松愉悦的空间氛围。

空间以圆和弧形为主，呈现柔美、婉约的形态，体现带有母性意味的美学。柔软、舒适的

面料,配以弧线造型和无主灯设计,极力消除客户的压力。空间里的所有艺术装置、装饰摆件都以圆为基础,柔和地呈现出氛围感。

诊疗室、心理咨询室等空间都安排在靠窗的位置,安静而私密,让客户可以畅所欲言。

当功能与审美合二为一的时候,这个空间才能包含源源不绝的活力和温度。◢

### 中国中元国际工程有限公司

中国中元国际工程有限公司（简称中国中元）隶属于中国机械工业集团有限公司，成立于 1953 年，是全国首批工程设计综合资质甲级单位。经过近 70 年的砥砺前行，中元医疗设计走出了一条专业化、综合化、多元化相结合的发展之路。中元建筑环境艺术设计研究院（简称环艺院）已完成建筑室内设计项目近千余项，获得国家级及省部级奖项百余项。在国内医院室内设计行业中处于领军地位。

**设计公司代表作品：**泰康前海国际医院、青岛万达英慈国际医院、北京安贞医院通州院区、北京协和医院门诊楼、中国人民解放军总医院海南医院、北京友谊医院、北京新世纪妇儿医院、河北中西医结合儿童医院、唐山市妇幼保健院、北京积水潭医院新龙泽院区。

# 泰康之家苏州吴园二级康复医院

编辑：**王戈**　设计：**中国中元国际工程有限公司**　摄影：**姚朕嘉**

# Taikang Rehabilitation Hospital Suzhou

室内外环境的交错融合制造出多重的感官体验，构成一个身心疗愈场所。

**项目基本信息**
**项目名称：**泰康之家苏州吴园二级康复医院
**项目地点：**江苏，苏州
**项目面积：**14 000 m²
**设计时间：**2019 年 2-7 月
**完工时间：**2020 年 12 月

**设计单位**
**建筑设计：**莫平建筑设计顾问有限公司
**室内设计：**中国中元国际工程有限公司
**主创设计师：**陈亮、张凯、叶星、程婉晴、周亚星、陈梦园、郭佳、周永杰、宋秋菊
**陈设设计：**中国中元国际工程有限公司

**其他信息**
**开发商：**泰康健康产业投资控股有限公司
**材料：**石材、金属、PVC、涂料等

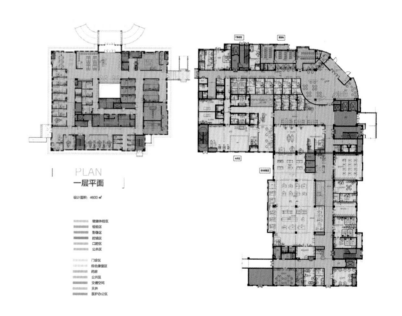

PLAN
一层平面

设计面积: 4600 m²

健康体检区
候诊区
影像区
检验区
公共区

门诊区
检查治疗区
药房
公共区
交通空间
天井
医护办公区

泰康之家苏州吴园二级康复医院是泰康集团在江苏省投入运营的首家旗舰养老社区，位于国家级旅游度假区苏州阳澄湖半岛的中心，和重元寺隔湖相望，环境宜人。园区建筑由华裔建筑大师贝聿铭弟子莫平操刀设计，秉承"中而苏，苏而新"的设计理念。吴园二级康复医院作为泰康之家苏州吴园的配套二级康复医院，与国内多家知名三甲医院合作，为园区及周边居民提供医疗、保健、颐养为一体的全方位保障。

苏州园林是项目所在地最特别的名片，室内设计选取园林构成要素之一的"水"为贯穿吴园二级康复医院的设计概念。"山贵有脉，水贵有源，脉理贯通，全园生动"，水的语言融合在医院室内设计中，为使用者创造一个安心、舒适的康复环境。

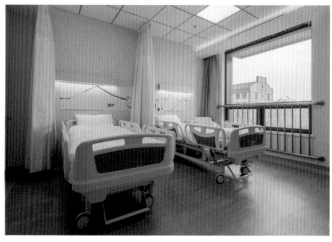

团队在室内设计中充分结合原建筑特点，设置了多个天井，将室外景观引入室内。苏州空气清新，自然环境优美，将景观引入室内，大大丰富了室内空间构成与空间体验。使用者通过天井感受室外的自然环境，能够在医院内听水、望水、感受水。与大自然亲密接触是人们最好的安抚情绪和身心的方式。

室内平面功能安排合理、高效，最大限度满足使用方的各项需求。具体设计语言来自吴园园区已有的项目及苏州博物馆。三号楼结合建筑坡屋顶的条件，室内吊顶设计成斜面，将空间有效利用，更显宽敞明亮，同时也构成室内独一无二的空间体验。四号楼整体围绕三个天井进行设计，有效利用光线及室外景观，使空间舒适又具有独特的氛围。

室内材料的选择遵循业主企业文化，用暖色调的石材、砖、艺术涂料等，在小尺度的空间中营造家庭般的氛围，使前来的患者及其家属、朋友身心放松，也为医护工作人员创造轻快的工作环境。细节方面，防磕碰的边角处理、轮椅使用者的尺度等都有充分考虑。▄

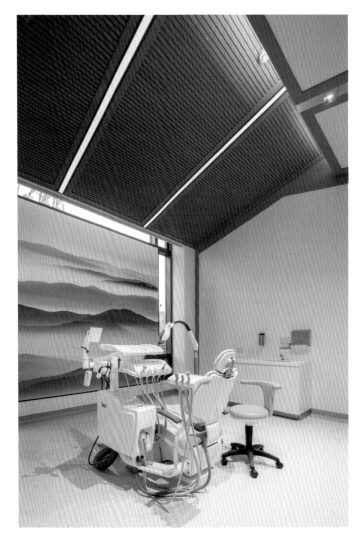

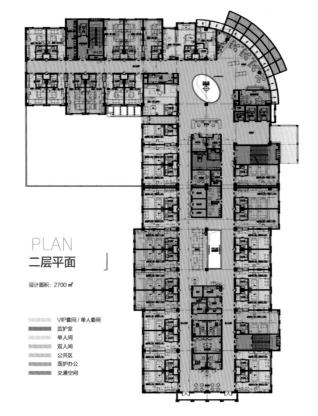

PLAN
二层平面

设计面积: 2700 ㎡

■ VIP套间 / 单人套间
■ 监护室
■ 单人间
■ 双人间
■ 公共区
■ 医护办公
■ 交通空间

**北京大铭室内建筑设计有限公司**

北京大铭室内建筑设计有限公司以大型医疗机构、医疗健检、高端专科医院、连锁医疗诊所等设计为主要项目，涵盖室内外、景观、展示及软装等。

# 南京银城康复医院

编辑：**蓝山**　设计：**北京大铭室内建筑设计有限公司**　摄影：**李雪峰**

# Nanjing Yincheng Rehabilitation Hospital

运用"六感设计"概念，提升人们对情感和心理感受的关注。

项目基本信息
**项目名称：** 南京银城康复医院（江苏省人民医院合作医院）
**项目地点：** 江苏，南京
**面积：** 52 093 m²
**设计时间：** 2017 年 8 月
**完工时间：** 2021 年 6 月

设计单位
**设计公司：** 北京大铭室内建筑设计有限公司
**主创设计师：** 石大年、李月桂、杨洁
**陈设设计：** 北京大铭室内建筑设计有限公司

其他信息
材料
**地面：** 水磨石、PVC、防滑地砖
**墙面：** 壁纸、自洁漆、GRG
**天花：** 石膏板天花

门诊
电梯

2F
医学检验 | 血液净化
泌化内镜 | 病案室

1F
门诊 | 药房 | 挂号收费
功能检查 | 医学影像
康复大厅 | 住院部 | 超市

B1F
停车场

南京银城康复医院是 2018 年通过医疗机构执业登记注册申请的三级康复医院，总建筑面积约为 52 093 m²。其中地上总建筑面积 29 604.12 m²，地下总建筑面积 22 122.32 m²。医院总床位数为 304，占地面积约为 30 917.80 m²。

各个楼层主要功能如下：一层功能区为门诊、康复科、影像科和普检中心；二层功能区为检验科、血透中心、手术部、后勤办公和 VIP 体检中心；三到五层为病房层。

银城康复医院的建筑设计依据现有不规则的场地及形状，将医院设计成不规则的环状建筑。空间设计秉承游走空间——"理方还圆、重回健康"生态康复医院的新理念。

一层平面图 1:350
本层建筑面积：1446.39m²

室内设计延伸建筑设计生态庭院理念：处于城市环境中，却隔绝城市喧嚣，创造一个良好采光和通风的生态医疗环境至关重要。这些非装饰表象所能取代，优质物理性环境能直透心灵，产生心理的改变。心理的疗愈是所有疗愈的启始。静、光与空间的组合赋予环境未来感，医疗空间设计的未来即如此，通过赋予空间未来感给予人希望无限的期盼。

本项目的功能特色是病房采用独特的模块化设计：病房主推单人间设计；开敞式卫生间设计，真正做到无障碍，虽然取消卫生间隔断，但卫生间入口不能直视病房门并加上隔帘，以尊重患者隐私；病房都有采光

面，病房入口处采取内凹设计；病房内设置可站人阳台；3间病房共用入口设计，医护人员在同一区域可以同时兼顾3个患者，大大提高了工作效率；考虑康复患者使用的便捷性，走廊采用扶手上方设置灯带的设计。本项目设计团队运用"六感设计"概念，除了常规五感（视觉、听觉、味觉、嗅觉和触觉），更提出对"知觉"的关注，提升人们对情感和心理感受的关注，这一理念深入本项目每个设计细节里。在室内配套设计中，包括软装和标识设计方面，充分考虑康复患者心理和生理的切实感受，创造内外舒缓、天人合一的疗愈空间。

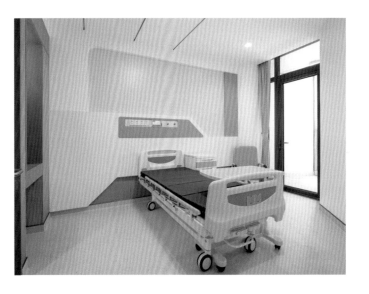

**钟丽冰**

优信工程设计（上海）有限公司总设计师

**代表作：**上海长海医院、无锡耘林康复医院、泰康之家杭州大清谷医院、苏州禧华妇产医院、宜昌市中心人民医院、上海市嘉定区安亭医院。

usense
优信设计

# 无锡耘林康复医院

编辑：**王戈**　设计：**优信工程设计（上海）有限公司**　摄影：**王安多**

# WuXi Yunlin Rehabilitation Hospital

用自然与艺术开启疗愈的康复空间。

项目基本信息
**项目名称：**无锡耘林康复医院
**项目地点：**江苏，无锡
**项目面积：**11 500 m²
**设计时间：**2016 年 7 月
**完工时间：**2017 年 10 月

设计单位
**建筑设计：**无锡合筑建筑设计有限公司
**室内设计：**优信工程设计（上海）有限公司
**主创设计师：**钟丽冰
**陈设设计：**优信工程设计（上海）有限公司

其他信息
**材料：**木饰面板、钢板、皮革硬包、人造石、天然大理石、橡胶地板、PVC 地板

在该项目中，设计师融入了荷兰生命公寓以"快乐养老"为核心的元素，主张"YES"文化、用进废退、泛家庭文化的核心理念，以科学、合理的宏观流程，整合医院的功能分区，强化耘林康复医院的特色，围绕神经康复、骨科康复、老年康复、运动损伤康复、创伤康复、疼痛康复、产后康复、心肺康复、肿瘤康复，以及本社区全科门、急诊与社区老年人体检集中设置与布局，并强调医院功能的灵活性与适应性，打造出真正以人为本的康复医院。

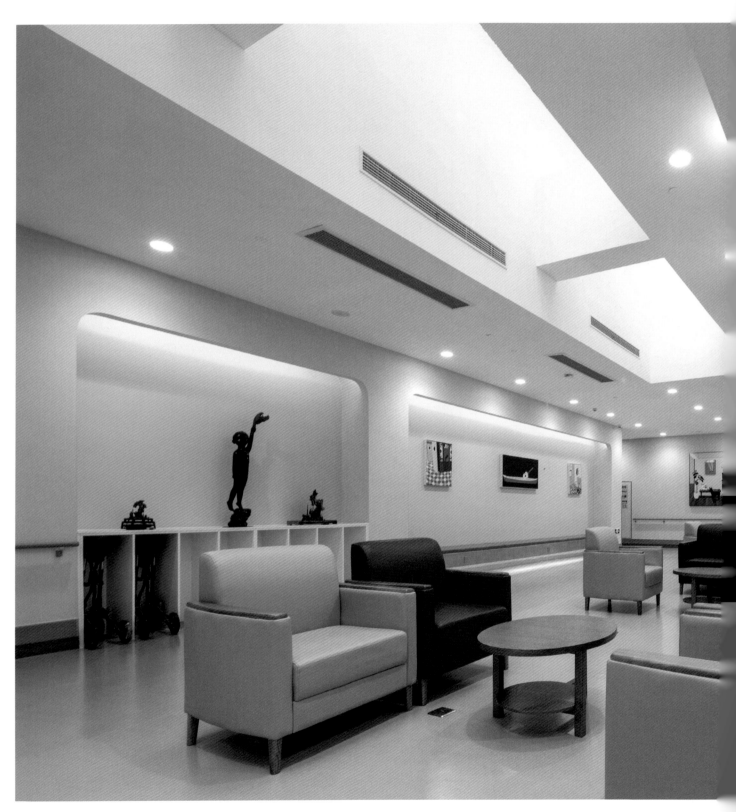

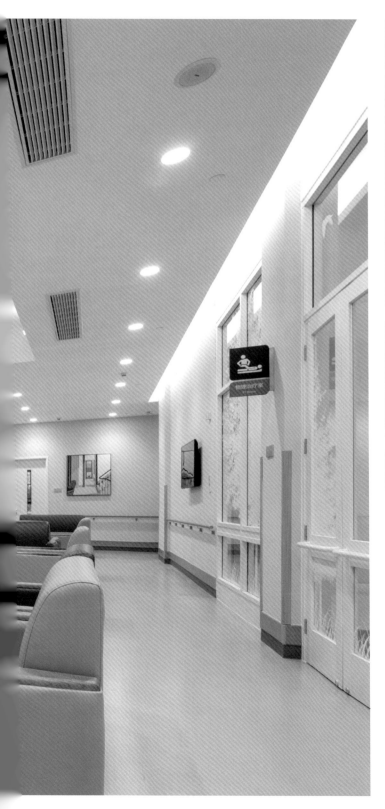

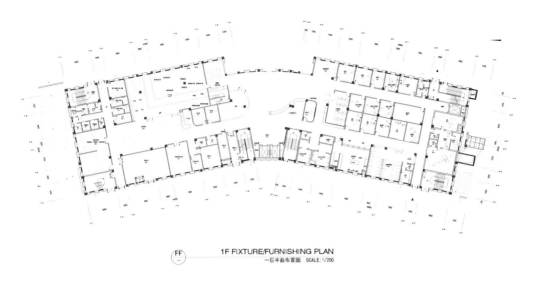

FF
**1F FIXTURE/FURNISHING PLAN**
一层平面布置图   SCALE:1/200

一层大厅以温和、舒适的木色硬装作背景，灵动的造型曲线、色彩层次丰富的地面拼花，加之趣味的雕塑与自然元素的装饰，用艺术与文化的温馨氛围开启人们对耘林康复医院的第一印象。

康复治疗区的天井在原有建筑设计中并不存在，经过室内设计后，重新打开楼板，从而拥有了采光的天井。这里有着舒适的座椅、多彩的装饰、让人安心且助于康复的自然光线。

集成式护士站的设计，充分考虑了轮椅患者、轮椅收纳、

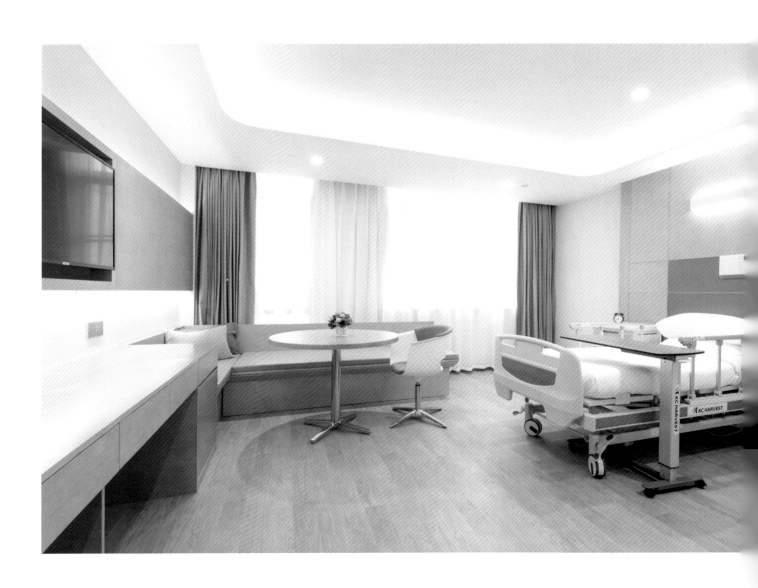

患者休息等候等功能区域，简洁、柔和的造型区别于传统护士站的设计，更加整体美观。在标识语言的措辞上，去医院化的称谓"服务站"，让患者感受更加放松。

在病房走廊房门边的地面，设计了不同的色彩，搭配墙面上的艺术装饰，不仅可以强调区域的导向作用，也打破了传统走廊单调的氛围。沿窗的区域，设计了卡座，可以坐在这里一边沐浴着阳光，一边跟朋友聊天，这样的空间对患者的身心康复有很好的疗愈效果。

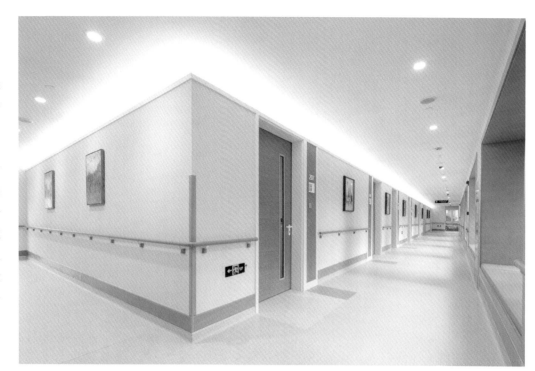

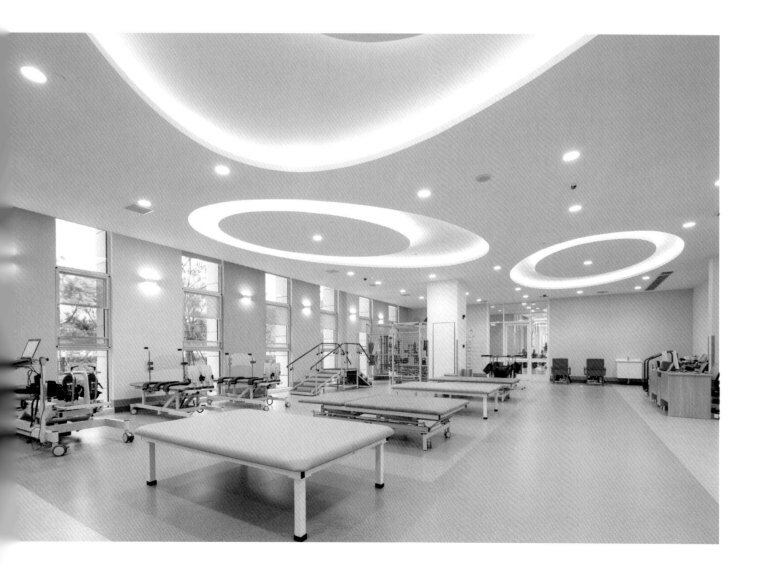

**谢强**

香港澳华医疗产业集团·香港医饰界
装饰有限公司设计总监

**代表作品:** 四川大学华西医院锦江院区、福
建昌财医院、汕头大学医学院第一附属医
院揭阳浩泽医院、桂林八桂康复医院、成都
市第六人民医院金牛院区。

# 成都华友启德健康体检中心

编辑:**王戈**    设计:**香港澳华医疗产业集团**    摄影:**香港澳华医疗产业集团**

# Chengdu Huayou Qide Physical Examination Center

"以人为本"的设计理念,给大众呈现出时尚大气、舒适温馨的就医环境。

项目基本信息

**项目名称:** 成都华友启德健康体检中心
**项目地点:** 四川,成都
**项目面积:** 24 000 m²
**设计时间:** 2019 年 4 月
**完工时间:** 2022 年 1 月

设计单位

**设计公司:** 香港澳华医疗产业集团
**主创设计师:** 谢强

其他信息
**材料:** 医疗板材

成都华友启德健康体检中心坐落于成都市武侯区,紧邻西南三环外侧,距双流国际机场约12 km,距天府广场约8 km,交通便利。

该项目依托于四川大学华西医院百年医学的文化沉淀,由医院健康管理中心顶尖专家团队主领,坚持以华西医院优质医疗资源示范引领和辐射带动的发展理念,将华西医院先进的医疗技术和高精尖的仪器设备相结合,通过智慧化、精细化、标准化的管理,以严谨负责的专业态度,保障分中心与华西本院同质化的医疗水平,持续为人民群众提供高品质、人性化、个性化的精准健康体检

和健康管理服务。

　　香港澳华医疗产业集团承接该项目室内设计服务以来，始终以客户体验为出发点，坚持"以人为本"的理念，在功能布局及流线设计上高效开展了多轮需求论证和设计。

为体现品牌的识别性,项目整体设计以鲜明的色块,结合提炼的几何图案,作为贯穿整个空间设计的主要元素。设计中重点采用简明扼要的点位布局,在满足有限空间内高效率工作需求的同时,借助软装搭配缓和空间氛围。设计整体采用温润的米色系,局部采用安静、祥和的中性色调,摒弃赘余和繁复的装饰,营造出雅致而有内涵的氛围。同时,设置针对不同人群的体检区域,注重保持空间的有序流动,以及现代医疗科技的人文体验,在这种理念的映照下,舒适的环境体验、高品质的专业服务,在体检服务的每一个流程中都得以完美体现。◢

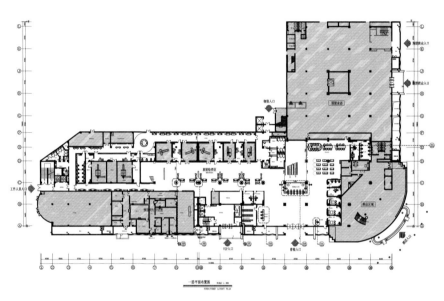

一层平面布置图
FIRST FLOOR LAYOUT PLAN

**科图设计**

懂运营、精设计、重落地,中国医康养产业一体化设计领军企业。科图设计致力于推动大健康领域(医康养产业)高质量发展,专注产业研究,以一体化设计为引擎,赋能产业融合发展,用设计的语言描绘大健康时代可持续发展的无限价值。

**王兆鹏**
科图设计 室内设计事业部总经理

*代表作:都江堰首嘉医院(151 000 m²/1200床)、华西医院京川峨眉山国际医养中心、顾连天府新区康养医学中心(80 000m²/428床)、布莱梅联合口腔、兰州大学第一医院健康体检中心、山东大学齐鲁医院健康管理中心、四川省第四人民医院健康管理中心、成都医投美邸–大观舒养之家、成都医投美邸–粮丰照护之家。*

# 新希望晓康之家健康管理中心

编辑:**浩澜** 文、设计:**科图设计** 摄影:**肖波**

# People's Hospital & Sohome Healthcare Management Center

打破医疗空间的刻板印象。

项目基本信息
**项目名称:** 新希望晓康之家健康管理中心
**项目地点:** 四川,成都
**建筑面积:** 11 000 m²
**建筑层数:** 4 层
**设计时间:** 2018 年 11 月
**完工时间:** 2019 年 6 月

设计单位
**建筑设计:** 科图设计
**室内设计公司:** 科图设计
**设计主持:** 王兆鹏
**设计参与:** 张丽、张阳、向朋

其他信息
**项目主材:** 人造石、装饰高压面板、无机矿物涂料、亚克力、PVC 地胶、艺术玻璃
**本项目所获奖项:** 缪斯奖金奖 | 美国博物馆联盟（AAM）与美国国际奖项协会（IAA）主办,2022 年医疗类项目金奖

项目位于成都市春熙路核心商圈，建筑面积1.1万平方米，由四川省医学科学院、四川省人民医院和新希望集团联合打造。科图设计提供医疗工艺流程优化及调整、室内设计及全工种全过程设计总控制服务。

整个健康管理中心分布于4层空间内，科图设计在项目规划之初，按照目标人群属性分类，在空间上进行了科学分流，避免动线不清晰造成的功能紊乱、就诊者目的地不明确带来的医患沟通压力等，使得医患双方的物理距离和心理距离都得以拉近。

接待大厅的服务功能要求

空间通透极简，同时具备引导性，而建筑本身的层高足以满足通透需求，因此设计师在设计上做减法，强化空间感，利用前台对空间的切割实现功能分区，大片蓝色背景的运用既能吸引服务对象的视线形成聚焦，也是整个项目科技定位的视觉化呈现。

进入儿童体检中心，首先映入眼帘的是儿童娱乐区，检查区则分布于两侧，既方便家长照看孩子，也方便临检儿童快速进入检查区。采血区则设置为分隔式采血单元，减少儿童采血时产生的哭闹对其他儿童的影响。整个儿童体检中心采用柔和的曲线与低饱和度的黄绿色调，用极简的线条与色块营造出了温馨的氛围。

位于 2 楼的 VIP 体检中心由专属电梯直达，基于运营方

**富美家®抗倍特®洁菌板 8844D8 老桦木(山) Aged Ash**
**应用区域：公共区域及走廊墙面**

的服务定位,2 楼诊区由男女分检、共检、VIP 餐厅、VIP 休息区构成,整个区域呈围合式布局,方便就诊流程间的相互交流。VIP 检查区作为高度私密的空间,由就餐区、休息室、会客区构成,并配备有独立的盥洗室、卫生间,设计上与整个 2 楼既融为一体又自成一方,是就诊贵宾休息与接受医疗服务的融合点。

3 楼为个人体检中心,为满足部分人群对稀缺专家医疗资源的需求,本层设置了专家门诊、远程会诊及专家办公中心,并提供四川省人民医院专家绿色就诊通道,从资源布局上满足就诊人群的需求。

4 楼为团体体检中心,进行了男女分流,共检区设置在中心区域,形成环形体检路径,保障体检效率。本层还设置了可容纳 150 余人的多功能厅,便于学科开展学术交流,发扬医教研一体化发展的运营理念。

该项目作为医疗空间,在设计之初即确定了"去医疗刻板印象化"的设计宗旨,以"生命之弧"为理念指导全空间设计,以弧线的柔和与亲近感将科学的医疗流程置于温馨、闲适的氛围之中,旨在让就诊者获得身心的放松。⏎

谢熠 Xie Yi

上海霍思装饰工程设计有限公司

创始人、设计总监

**代表作:** 长沙爱尔眼科医院、上海爱尔眼科医院、重庆星荣整形外科医院、上海冬雷脑科医院、湖南妇女儿童医院、海南现代妇女儿童医院、微医全科诊所、常州江南医院、三亚哈尔滨医科大学鸿森医院、贵阳白志祥骨科医院。

江伟 Jiang Wei

上海霍思装饰工程设计有限公司

设计合伙人

**代表作:** 长沙爱尔眼科医院、中信湘雅生殖与遗传专科医院、江西嘉佑健康城、邯郸爱眼眼科医院、武汉艾格眼科医院、兴化仁安康复医院、徐州和平妇产医院、深圳港龙医院、安科集团育高儿科门诊。

HOS霍思

# 长沙爱尔眼科医院

编辑:**蓝山**　文:**孔丽萍**　设计:**上海霍思设计**　摄影:**肖湘**

# Changsha Aier Eye Hospital

纯粹至精,实现艺术医疗空间理想。

**项目基本信息**
**项目名称:** 长沙爱尔眼科医院
**项目地点:** 湖南,长沙
**项目面积:** 15.4 万 m²
**设计时间:** 2021 年 2 月
**完工时间:** 2022 年 7 月

**设计单位**
**室内设计:** 上海霍思装饰工程设计有限公司
**主创设计:** 谢熠、江伟
**设计参与:** 陈洲、胡泫武、马志强、江华、李坤艳、谢劲松
**软装设计:** 孔丽萍
**导视设计:** 谢熠

**其他信息**
**项目主材:** 阿姆斯壮天花、多玛五金及自动门、富美家表面饰材、星磨石、森工门业、霍曼门业
**甲方设计管理团队:** 潘育华、周元龙、陆茵

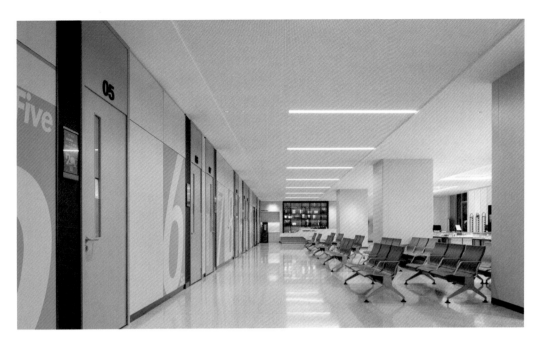

纯粹至精，实现极简艺术医疗空间。

有感于爱尔眼科在医疗细分领域持续专注而纯粹的精神，设计师团队在设计中着重表达"刚强劲健，纯粹至精"的精神内核。设计概念围绕着眼睛以及放眼所及皆是人间美好的主题。设计元素则是通过简练刚健的直线灯条表达医疗专业感和秩序感；圆润的弧形则起到融合诊疗空间和等候空间的目的；丰富的色彩、走廊上连续的风景摄影画和艺术挂画都表达出将艺术和医疗技艺融合的设计创意。

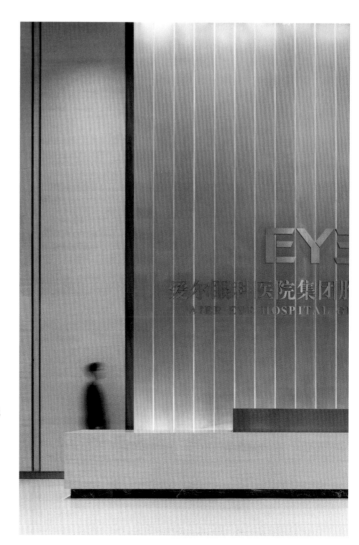

富美家®装饰高压面板<sup>洁菌板</sup> 3645
意大利胡桃(山) River Walnut
应用区域：电梯厅墙面/公共区域包
柱及墙面/接待台背景墙

如何让空间纯粹并拥有治愈的能量,仿若孩子纯净的眼睛看到的美好世界毫无杂质。设计师尽可能的把空间设计得简练而有力量感,比如国际诊疗部的设计,通过旋转楼梯作为空间关系焦点来展开,巨幅的艺术抽象画和旋转楼梯共同完成了一个势能的呼应,让空间弥漫着艺术氛围。医疗技术的极致就是艺术的,用极致的纯粹和优美的曲线营造去医疗感的高端诊疗氛围,同时实现空间的治愈感。

**富美家®抗倍特®洁菌板** 0923 浪花白 Surf
**应用区域:** 公共区域包柱及墙面

为了尽可能方便视力不好的患者,设计师将字体放大设计在诊室墙面,将医疗空间的实用性和艺术性完美融合。同时采用了很多眼睛造型的艺术软膜天花,使得空间和医疗项目有明确的识别和对应。这些设计细节都需要设计师整体把控,其中的设计管控深度和广度就是我们认为决定项目落地成败的关键节点。◢

**法国 AIA 建筑工程联合设计集团**

AIA Life Designers / 法国 AIA 建筑工程联合设计集团成立于 1965 年,历经 50 多年的不断发展壮大,已成为欧洲最大的全领域建筑工程设计公司之一,可以为客户提供建筑设计、工程设计、城市规划以及项目管理方面的高品质综合服务。

**杨海 Hai Yang**

法国 AIA 建筑工程联合设计集团合伙人、中国区总经理

*代表作:* 北京协和医院、广州皇家丽肿瘤医院、珠海市妇女儿童医院、深圳市福田区妇儿医院、河北医科大学第一医院新建医技病房楼、唐山中心医院室内设计、九江学院第二附属医院等十余项医疗建筑设计项目。

# 广州皇家丽肿瘤医院

编辑:**蓝山** 文:**尚白冰** 设计:**法国AIA建筑工程联合设计集团** 摄影:**谢东叡、唐威工作室**

# Guangzhou Royal Lee Cancer Hospital

在环境和心理上提供理解和帮助,通过空间氛围积极引导使用者的感受和体验。

项目基本信息

**项目名称:** 广州皇家丽肿瘤医院

**项目定位:** 国际化平台型肿瘤专科医院,业务范围涵盖肿瘤的预防、治疗和康复等领域

**地点:** 广东,广州市

**规模:** 总用地面积 26 700 m²;总建筑面积 75 000 m²。

**服务阶段:** 建筑设计、室内设计、景观设计

**起止时间:** 2011-2021 年

设计单位

**建筑设计团队:** 杨海、Simon TSOUDEROS、Dalius GUTAUSKAS、毛亮平、Matthieu RADET、潘加伟、崔泽庚、赵文燕

**室内设计团队:** 杨海、Simon TSOUDEROS、Dalius GUTAUSKAS、孙若萱、Thomas ROGEL、Maëlle CABIO'CH、陈伟立、张明明

其他信息

**建筑设计主材:** 铝板、天然石材

**室内设计主材:** 造型铝板、抗倍特板、人造石材等

**项目获奖:** 2018 年获评中国十佳医院建筑设计方案,被授予 2018 中国医院建设奖

富美家®抗倍特®洁菌板 9348NT
亚热带橡木(山) Light Oak
应用区域：走廊门墙/病房固定家具及墙面

广州皇家丽肿瘤医院是一所私立高端三级肿瘤专科医院，业务范围涵盖肿瘤的预防、治疗和康复等领域。项目坐落于广州中新知识城核心区域，距离市中心仅 35 分钟车程。

设计团队注重通过室内设计为客群在环境和心理上提供理解和帮助，通过空间氛围积极引导使用者的感受。

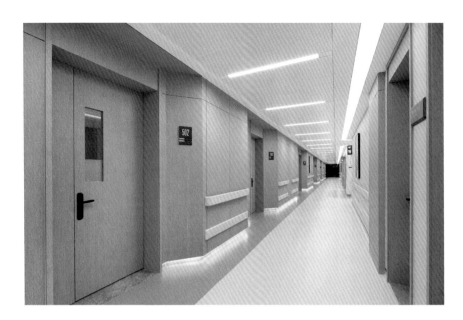

色麗石® SV20 Calaratta 鱼肚白
应用区域：接待台/药房/洽谈区台面/就诊
大厅接待台

本项目室内设计概念延续了建筑设计中自然疗愈的理念，围绕生命和自然的主题，塑造有感染力的空间，启发患者对自身生命的感悟。方案将自然元素符号提炼为矿物、流水、植被等元素，融于设计之中。

大厅设计模拟自然中的岩石洞穴，将植被、水幕、矿物的流线形层叠纹理融合在空间之中，打造一个具有包容性的公共空间。

考虑肿瘤患者人群所面临的挑战，皇家丽医院在进行专业医疗的同时，优先考虑患者的感受和需求，使患者在光线充足、温暖、富有生命力的环境中得到治愈，同时也为医护人员营造了舒适的工作环境。

公共空间墙面采用了蚀刻板材与灯光相结合的设计，在保证墙面耐用、抗菌的同时为等候空间营造灵动的效果。

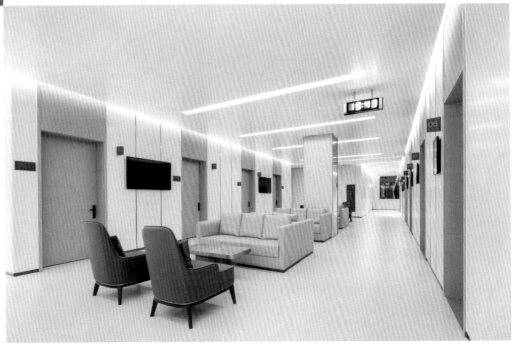

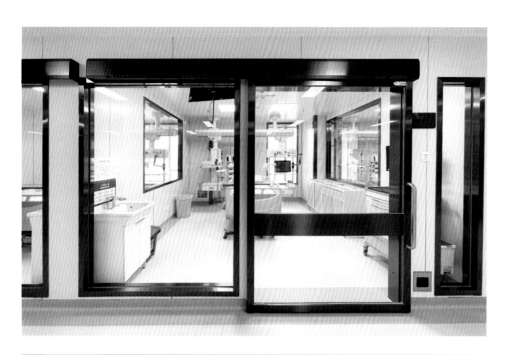

门诊就诊区内，护士台设置在开放、明亮的区域，紧邻患者等候区。设计通过标识和造型灯光突出护士站空间，为访客提供引导。

药房等候座椅周围设置了半透明的玻璃隔断，一人一座，保证患者的就医流程不受干扰。

ICU 区域采用了全视野的空间设计，护士站能够全面、及时地观测到重症患者的动态并及时提供专业的医疗服务。

病房设计中将医疗设备布置与家居设计相结合，材料选用温暖的木纹质感和纺织纹理，为住院患者打造平和、舒适的场所。

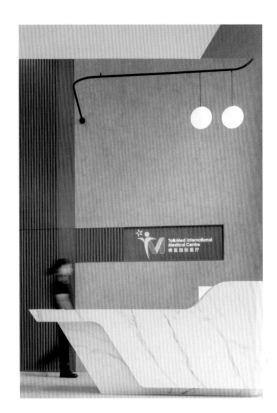

**英氏德珂（INSIDECO）**
英氏德珂（INSIDECO）提供建筑及室内设计、项目投资分析风险评估、可持续性方案、施工及项目管理等服务，是基于分享与合作的项目全过程服务提供商、空间方案的缔造者。而今，秉承敏锐的商业基因，英氏德珂将触角再度外延于大健康产业，从基因科技到全科医疗，康复中心到儿童诊所，受托于产业之中各种形态的客户，但一以贯之的是公司长期持有的超越行业标准的流程服务。

**公司代表作：**高博医疗北京总部、曼哈顿骨科运动康复中心、新加坡德倍施儿科诊所、新加波百汇顺义全科医院。

# 德医国际医疗

编辑：**杨阳**　设计：**INSIDECO**英氏德珂　摄影：**相形空间**

# TalkMed International Medical Centre

为人们提供家一般舒适的诊疗环境，为肿瘤患者提供一份安心、可靠的保障。

项目基本信息
**项目名称：**德医国际医疗
**项目地点：**北京
**项目面积：**2 500 m²
**设计时间：**2019 年 11 月
**完工时间：**2021 年 3 月

设计单位
**空间设计及工程：**INSIDECO 英氏德珂

其他信息
**材料：**水磨石地材、岩板、啡网纹大理石、LG 医用胶地板、Milliken 地毯、波纹玻璃、Gabriel 布料

在车水马龙的北京东三环附近，一家本着"以患者为中心"的医疗机构于此立足，力求为这座城市的人们提供一个像家一般舒适的诊疗环境，为肿瘤患者提供一份安心、可靠的保障。

德医国际医疗引入新加坡先进医疗服务理念和管理模式，秉承专业的医疗水平和国际化的肿瘤护理标准，专注为中国肿瘤患者提供专业且有温度的医疗服务。

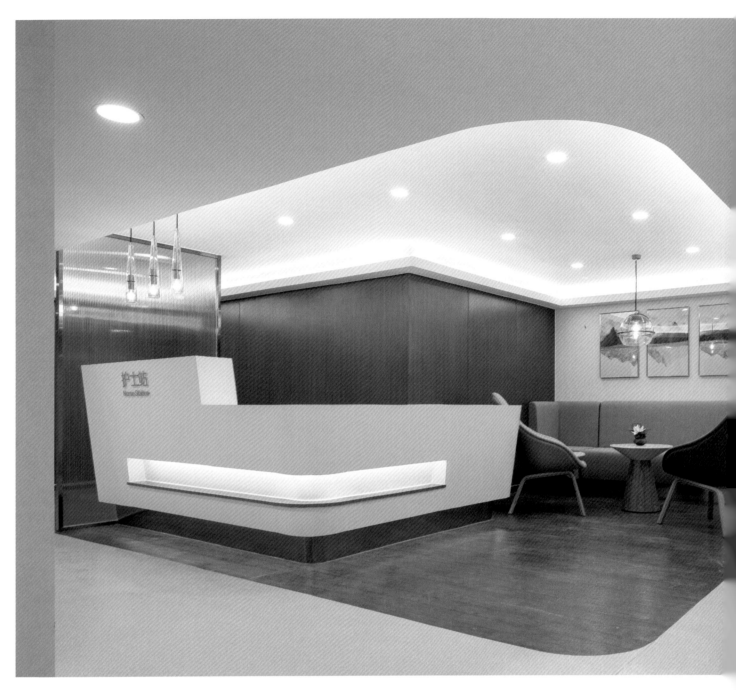

德医国际医疗广泛使用弧形线条，取代棱角鲜明的冰冷大理石桌面，营造出柔和、舒心的环境，从而缓解患者和家属们的就医情绪。湖蓝色和木色的结合，为单一的空间带来美感、稳定性、安全性和熟悉感。

设计赋能空间，同时也作用于医疗技术，使其可以充分发挥科学的可能性，这也是设计师们坚持的品质与精神。德医国际医疗在追求"以患者为

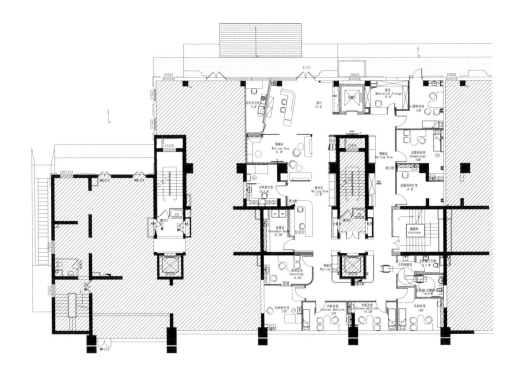

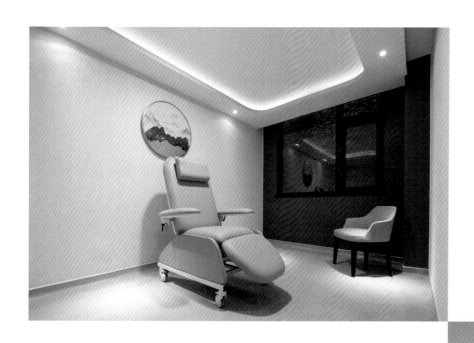

中心"的理念同时, 用简洁、高效的空间设计, 提供更加便利与人性化的医疗流线。

设计让医疗工作更加人性化,环节更加流畅;医疗工作也在这里赋予了空间意义。这大概就是设计之美, 设计对于人与世界的一份初心。◢

MMOSERASSOCIATES

**穆氏建筑设计**

自 1981 年起,穆氏建筑设计致力于为各类企业、私营医疗和教育机构提供办公环境的设计和交付服务。穆氏在全球设有 27 个分支,超过 1000 位专业人才通力合作,以全面整合的办公空间解决方案为客户打造具有变革力的实体、社交化和数字化的工作环境。

**刘怡筠 Jessica Liu**
穆氏建筑设计 医疗总监

**代表作:** *上海和睦家医院(JCI认证/19 200m²/80床)、上海和睦家新城医院(JCI认证/28 132m²/200床)、广州和睦家医院(JCI认证/65 319m²/200床)、复地金融岛二期牙科诊所–四川省成都市(牙科诊所)、复地天府湾一期17号楼健康中心–四川省成都市(综合门诊)、杭州新瞳眼科医院–浙江省(眼科医院)。*

# 新瞳眼科医院

编辑:**蓝山** 文:**Carrie Hua** 设计:**穆氏建筑设计** 摄影:**Edward Shi**

# Sightour Ophthalmic Hospital

科技改变医疗,穆氏以高品质空间支持高品质医疗服务。

项目基本信息
**项目名称:** 新瞳眼科医院
**项目地点:** 浙江,杭州
**建筑面积:** 2 000 m²
**建筑层数:** 3 层
**床位数:** 20 张
**设计时间:** 2019 年 3 月
**完工时间:** 2020 年 5 月

设计单位
**建筑设计:** 穆氏建筑设计
**室内设计公司:** 穆氏建筑设计
**设计主持:** Jessica Liu
**设计参与:** Tina Zhou、Zhai Le、Hui Lin、Keven Liu、Leo Lei、Matthew Liu
**软装设计公司:** 穆氏建筑设计

其他信息
**项目主材:** 人造石、防火板、乳胶漆、矿棉吸音板、胶地板、地毯
**本项目所获奖项:** 美国建筑师协会上海 | 北京分会 2020 设计大奖 — 室内建筑类"优异奖"

新瞳眼科医院位于杭州京杭大运河边某商务综合体内，占据1座3层独栋建筑。为了让空间充分利用场地优势，穆氏建筑设计团队确立以水与光作为设计的主要元素，将承载过去的运河提炼元素和面向未来的科技感相糅合。

大堂"眼瞳"造型强化了新瞳眼科医院专业化眼科服务的定位。设计提炼了杭州的地标建筑，打造出具有科技感和本土辨识度的"天际线"。

门头设计以简洁的色彩与材质，营造明快、清晰的入口特征，以开放包容的姿态迎接患者和访客的到来。儿童活动区用地面软垫、圆角台阶和儿童家具为年幼访客提供安全的玩耍空间。

为了帮助患者减轻就诊时的紧张情绪，患者服务洽谈室采用落地玻璃窗，充分引入自然光由此给患者营造舒心和温馨的环境。

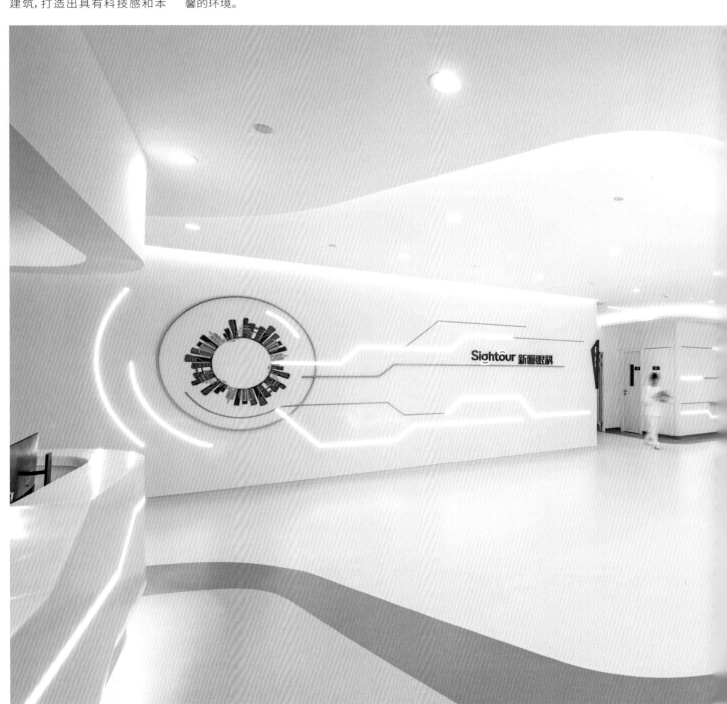

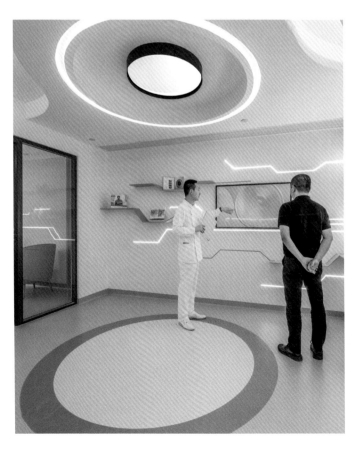

手术室靠近公共走廊一侧设置了电控玻璃观察窗，透过调整玻璃的通透程度，患者和家属能够在术前观察手术过程，有助于减轻对未知的恐惧。此外，手术室的设计还兼顾到临床培训的需求。

根据精密设备的使用环境要求、手术区域净化等级的规范，机电方案利用了层流的流体运动规律以及通过手术室内外的压差来控制气流的流通方向，设计出满足空气洁净度要求的手术室。在冷热源、污水处理、热水系统、净水和供配电系统等方面，设计团队亦进行了改进和升级。

洽谈区 2
Consultation 2

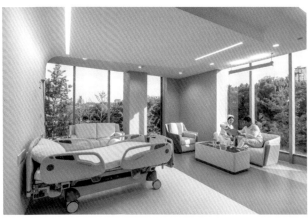

在设计团队与新瞳眼科医院管理层的密切合作下，杭州新瞳眼科医院成为新瞳在国内首家投入使用的医院。忠于新瞳"科技改变医疗、品质收获信赖、标杆引领行业"的愿景，致力于为患者提供自然静谧与现代科技相结合的安全诊疗环境，为新瞳迈向更高远的发展提供有力的支持。⏎

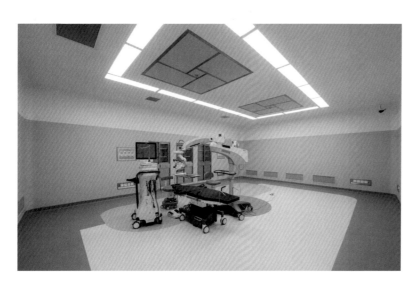

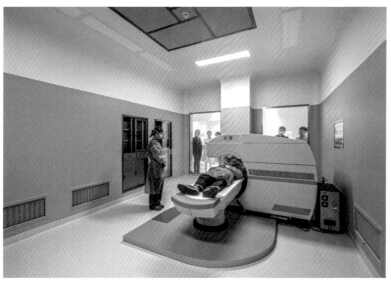

**J&A 杰恩设计**

深圳市杰恩创意设计股份有限公司（简称"J&A"或"杰恩设计"），是一家面向未来的大型综合性室内设计公司，主要深耕商业综合体、办公综合体、医养综合体、交通综合体、文教综合体 5 大设计领域。2017 年，J&A 成功登陆 A 股市场（300668.SZ），在美国权威杂志 INTERIOR DESIGN 2019 全球设计巨头排行榜中，J&A 综合排名全球第 25，其中商业设计排名全球第 3。

**设计公司代表作：** 深圳市大鹏新区人民医院、深圳市中医院光明院区、深圳市南山区人民医院、安康高新国际标准医养医院、深圳吉华医院、济南唐冶三甲医院、沈阳爱尔眼科医院、重庆佑佑宝贝妇儿医院。

# 成都新丽美医疗美容医院

编辑：**蓝山** 文 、设计：**J&A**杰恩设计 摄影：**肖恩**、**Blackstation**

# Chengdu Newme Plastic Surgery Hospital

以"当代艺术馆"为概念，探索医疗空间与当代艺术融合的可能性。

项目基本信息
**项目名称：** 成都新丽美医疗美容医院
**项目地点：** 四川，成都
**项目面积：** 8 000 m²
**设计时间：** 2019 年 10 月
**完工时间：** 2020 年 10 月

设计单位
**建筑设计：** 直尚（北京）建筑装饰工程有限公司
**室内设计：** J&A 杰恩设计
**陈设设计：** J&A 杰恩设计

其他信息
**材料：** 涂料、人造石、水磨石、阳极氧化铝板、铝板转印木纹、拉膜天花、玻璃

新丽美医疗美容医院项目秉承"医美姓医"的专业属性，追求统一的设计调性、诗意的空间律动与极简的设计表达。J&A杰恩设计主创团队基于甲方诉求，为大众呈现了一个专业与艺术融汇的体验空间。

项目启动之初，原建筑内部的斜撑钢梁是设计最大的阻碍，设计团队用一道理性的弧线将它们包裹，成为贯穿空间的设计元素。

从前厅到洽谈空间,构成别具趣味的空间关系,仿佛将人引入隧道深处。家具的色彩与建筑的弧线冲击出充满戏剧性的意式情致,设计师用拱形造型弱化柱子的存在感,序列式的拱形增强了空间的仪式感,柔和的光带让空间呈现复古柔情与浪漫氛围。

切割线条柔美的接待台使用了厚重的水磨石和中性的深蓝色;光线温和舒适的住院层走廊大量使用了灰色;原本深沉的墨蓝浸染了渐变的磨砂玻璃屏风。

从前厅具有序列仪式感的造型，到沙龙区颇具哥特建筑风的阅览区域，再到诊室内部的落地窗，弧线自然地存在于空间的每一寸"肌肤"上。

任何风格都应该符合使用者内心对该空间的期待，风格应该去迎合使用者。医美不仅应该满足女性对美的渴求，同时也应该尊重男性客户对自我提升的期盼。因此"中性"最终成为本案的风格，这种"风格"不是对设计语言的描述，而是对使用者需求的反馈。一切功能、造型与颜色的搭配最终形成了新丽美独特的医疗空间设计风格。

**杨俋**

杨俋环境艺术设计有限公司创始人、
首席设计师

***代表作：***杨俋工作室、智汇·西九、西九大厦
写字楼销售中心、嘉远世纪酒店、武汉万达
汉街文华书城、中岛先生会所。

# Shine 医疗美容机构

编辑：**王戈**　　设计：**珠海杨俋环境艺术设计有限公司**　　摄影：**曾召光**

# Shine Medical Beauty Agency

带有古典韵味的同时又不失现代都市的摩登时尚。

项目基本信息
**项目名称：** Shine 医疗美容机构
**项目地点：** 广西，南宁
**项目面积：** 1 265 m²
**设计时间：** 2020 年 11 月
**完工时间：** 2021 年 7 月

设计单位
**建筑设计：** 美国 GP 建筑设计有限公司
**室内设计：** 珠海杨俋环境艺术设计有限公司
**主创设计师：** 杨俋
**陈设设计：** 黄晓春、杨俋、杨淑仪

其他信息
**委托方：** Shine 上海实业有限公司
**材料：** BOLON 地毯、VESCOM 墙布、大师艺术漆

Shine 医疗美容机构,位于南宁华润大厦 403 m 的地标塔楼之内,是一个专为女性打造的空间。

大厅为主要的功能服务区,以柔和的曲线、弧面形态从天花延展到墙壁,好似远古的神秘洞穴、中世纪的古堡殿堂,彰显其辉煌与浪漫,赋予好莱坞电影情节的文艺范儿。在设计上,意在营造戏剧化的氛围,唤起个体心目中的角色和对生命之美、时尚的追求。

从天花延展到墙壁曲线的构成,也是为了解决高层建筑的室内由于消防、设备等因素造成的低矮难题,在设计上,需要把这一低矮平淡的空间,通过更为艺术的手法使其具有结构比例之美,赋予它意义。

INTERIOR DESIGN CHINA 297

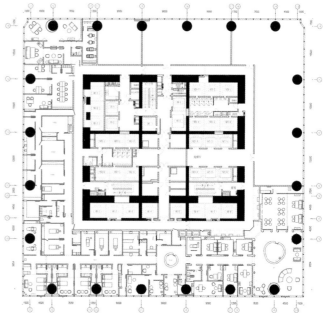

在大厅的周边，呈扇形分布的是门厅、大小多功能厅以及通往洽谈区、治疗区的拱形长廊。

拱形长廊的墙、顶，饰以色彩绚丽且能折射出金属质感的艺术漆艺，有春意盎然的生气与梦幻之美。灯光的设计以地角光线为主，在此走动能带入一种戏剧舞台般的浪漫与妩媚。

门面为艺术廊道的形式，黑色的金属框线收口及黑色金属圆柱将空间分割成几个间壁，与金棕色、带有肌理的墙面漆艺相互衬托，稳重而有激情。因被这些廊柱隔开而形成的几个橱窗，陈设一些带有时间感、生活感的旅行箱，还放有一组让人感受光阴岁月的青春女性的形象写真，以及在挨门一侧落地的整身镜。在设计上，门面入口的氛围营造，更多地是为了让环境给人以更好的带入感。

Shine 医疗美容机构除了以上主要的场所，还另外配有 Shine 沙龙俱乐部。它是相对独立的 VIP 专区，有独立进出的大门及形象，更体现出环境的私密性。这里的风格更多是引用酒店、会所的形式，强调商业的氛围及交流价值。

**朴振龙**

香港澳华医疗产业集团·香港医饰界
装饰有限公司主创设计师

**代表作:**福建昌财医院、四川省第一中医医
院、四川大学华西医院锦江院区、成都市第
七人民医院(天府院区)三期、江西九江姿
妍医疗美容门诊部。

# 江西九江姿妍医疗美容门诊部

编辑:**王戈**　设计:**香港澳华医疗产业集团**　摄影:**香港澳华医疗产业集团**

# Jiujiang Ziyan Aesthetic Medicine Clinic

简单高级的侘寂风设计,极度温馨舒适的空间氛围和最佳院感体验。

项目基本信息
**项目名称:**江西九江姿妍医疗美容门诊部
**项目地点:**江西,九江
**项目面积:**800 m²
**设计时间:**2021 年 8 月
**完工时间:**2021 年 10 月

设计单位
**设计公司:**香港澳华医疗产业集团
**主创设计师:**朴振龙

其他信息
**材料:**艺术漆、微水泥

江西九江姿妍医疗美容门诊部是一家集美容整形科、皮肤科、无创激光科、植发科等为一体的综合性医疗美容机构。

香港澳华医疗产业集团结合该项目实际情况及未来发展趋势,通过分析后期商业价值、品牌连锁效应等,提出将姿妍医疗美容门诊部定位为九江首家轻医美品牌体验馆。

当下医美盛行,所谓的"外貌焦虑""身材焦虑"等问题层出不穷,为消费者营造一个积极向上且体验感优良的医疗美容环境尤为重要。香港澳华设计团队以此为目的,首先结合项目品牌名称完成高度浓缩的视觉印象设计,将空间与品牌设计语言做到贯穿统一,在更好地向消费者传递姿妍专业品

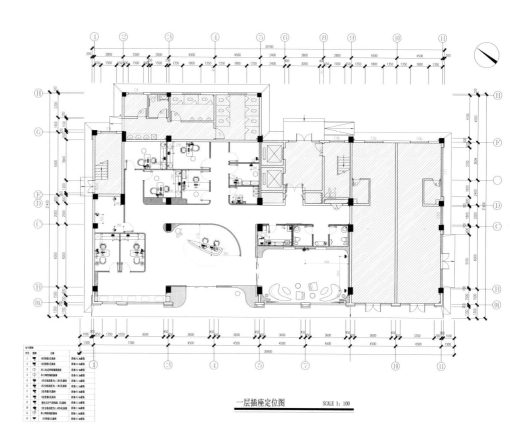

一层插座定位图　　　SCALE 1: 100

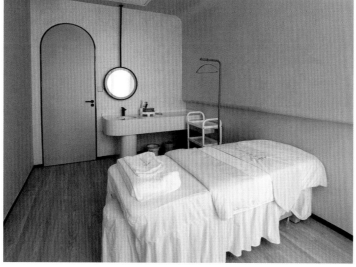

牌印象的同时, 在室内设计中选用简单高级的侂寂风作为基调, 从功能性出发进行合理布局、动线分析, 将空间分成两个主要板块: 一层, 时间静止空间（大厅、等候、咨询、诊室区）, 从时光之门的大厅进入, 开启体验, 释放身心压力; 六层, 逆时光空间（治疗室、手术区）, 寓意皮肤及身体状态能得到新生的蜕变。将两大板块主题提炼出空间的"圆弧"元素, 结合形体的曲线与光线运用在整个空间中, 实现以空间之形构筑一方静土, 让轻医美体验馆成为"消费者寻求内心自在"的载体。

在空间氛围中, 低饱和度洞穴般的米黄色系, 结合恰到好处的代表新生的生命之蓝, 让空间素雅的同时又具有吸人眼球的视觉效果, 最终营造出一个极度温馨舒适的空间氛围和最佳院感体验。

# DA INTEGRATING LIMITED

**魏展文**
毕业于伦敦艺术大学
DA INTEGRATING LIMITED 设计总监

**代表作：** 深圳KCCA科纳艺术中心、成都岁月艺术馆、深圳Ken-naXu
画廊、三亚当代艺术馆（前馆）、深圳e当代美术馆、腾冲启迪当代
艺术馆、FARNOVA Dubois 72尺帆船游艇、上海新天地 DAVIDSON TSUI
设计师品牌店、ClinSkin科丽研肌肌肤管理中心（万象城店）、ClinSkin
科丽研肌肌肤管理中心（大冲店）、ClinSkin科丽研肌肌肤管理中心
（皇庭店）。

# U-DENTAL 友睦口腔门诊

编辑：**蓝山**　　设计：**魏展文**　　摄影：**张超**、**罗灿辉**

# U-DENTAL Clinic

以"当代艺术馆"为概念，探索医疗空间与当代艺术融合的可能性。

项目基本信息
**项目名称：** U-DENTAL 友睦口腔门诊
**项目地点：** 广东，深圳
**项目面积：** 535 ㎡
**设计时间：** 2018 年 8 月
**完工时间：** 2021 年 1 月

设计单位
**设计公司：** DA INTEGRATING LIMITED
**主创设计师：** 魏展文
**设计团队：** 欧烨桦、陈雨、李波、黄启城、梁婉玲、廖肇志、肖修韬
**陈设设计：** 欧烨桦

其他信息
**开发商：** 深圳市友睦口腔股份有限公司
**材料：** 白玉兰大理石、白砂米黄石材、白色树脂漆、透明亚克力、白色人造石、原木色木饰面、灰色水磨石

U-DENTAL 友睦口腔,是有着 15 年历史的专业口腔连锁门诊。定位于城市中坚型消费客群,品牌期望经由深圳湾 1 号口腔门诊的空间焕新,呈现出门诊艺术化与科技感的平衡表达,契合当下健康消费的升级需求。

思考如何改变传统口腔门诊予人焦虑甚至恐惧的印象,DA INTEGRATING LIMITED 以"当代艺术馆"为概念,探索医疗空间与当代艺术融合的可能性。自然、几何、艺术的多元要素交织在净白空间中,重塑宁静、舒适而有温度的门诊体验。

建筑思维下的几何美学运用于前厅及接待区,以严谨的几何秩序构建感性的场域。白玉兰大理石地面与白砂米黄石材墙面,铺垫素净的空间底色,中心植入方形体块,似一幅立体主义画作。方体的微弧面既是隐性的功能分隔面,又体现出设计师在开敞与私密之间的精妙拿捏。"圆洞"形的天花与之呼应,为横向贯通式的布景

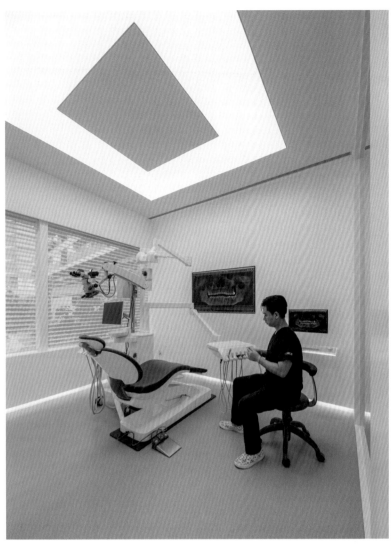

带来纵深视觉,同时弱化原建筑无法消除的圆柱和消防管道。

延续当代艺术馆的"纯白"语汇,诊室空间以"方"归零,无缝拼贴的扁平化构图去除任何多余的造型或凹槽,保证流线操作的完整性。保持手术室级严苛光环境的同时,亦用玻璃幕墙采光面引入充足的自然光线和景观,抚慰治疗时患者的紧张情绪。

专业功能区基于极端无菌环境,以无杂质的"净",衬托工作间仪器与工作状态的"繁"。直线与方块的组合将空间连贯为统一的"完型",当一切背景简化到无以复加时,专业工作的状态自成一件"艺术品",仿佛现实之上身心专注的能量场。

在总面积 500 余平方米的有限界域内,以创新极简的当代美学,最大限度地诠释实用性与设计感的完美平衡。不同功能属性与专业度的分区切割,从前厅的两道自动门分流,经当代艺术馆式的"回"字形走道

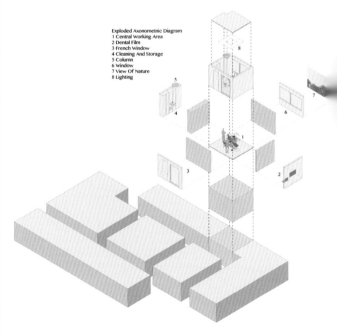

Exploded Axonometric Diagram
1 Central Working Area
2 Dental Film
3 French Window
4 Cleaning And Storage
5 Column
6 Window
7 View Of Nature
8 Lighting

N

1 前厅
2 接待区
3 休闲吧
4 VIP接待室
5 特诊中心
6 儿童区
7 病案室
8 医生会议室
9 洽谈室1
10 洽谈室2
11 牙片室
12 口腔CT
13 摄影区
14 诊室1
15 诊室2
16 诊室3
17 诊室4
18 诊室5
19 种植室
20 医务人员通道
21 患者通道
22 污物通道
23 灌模室
24 车瓷喷砂室
25 CAD/CAM室
26 清洗室
27 消毒室
28 无菌存放间
29 茶水间
30 主任办公室
31 员工休息室
32 女洗手间
33 男洗手间
34 无障碍洗手间
35 公共洗手间

连接整合,改善医患的动线分离
且增强了空间的秩序感。艺术化
和人性化的设计介入,更在于精
妙的灯光表达,包括白与暖白色
调的转换,表现出美学气氛。作
为专业与非专业空间的可视区
分,搭配局部材质、纹理实现灯
光反射的差异化效果。

　　设计团队由此创造了一个
现实之上的境界,美感和通感
向内而生,实现当代艺术空间
与医疗背景的适洽。⌟

feng
and
chen⁺

design
shanghai

**陈颜（右）、冯国强（左）**
上海正基艺术设计创始人

他们是"当代东方"设计的倡导者，"造物忌盈"是他们的设计哲学，不断创造东方设计未来新轮廓是他们不懈的追求。

**代表作:** 苏州金鸡湖畔私人别墅、北京瑞府私人别墅、上海外滩老公寓、上海海伦索菲特酒店中餐厅、无锡千禧大酒店中餐厅及SPA、泰安御座宾馆。

# 春轼医美诊所

编辑:**杨阳**　文、设计:**陈颜、冯国强**　摄影:**朱海**

# Spring Way Medical & Art

步入画廊般的诊所，开启一段创造美的旅程。

项目基本信息
**项目名称:** 春轼医美诊所
**项目地点:** 江苏，苏州
**项目面积:** 515 m²
**设计时间:** 2018 年 6 月
**竣工时间:** 2019 年 1 月

设计单位
**设计公司:** feng and chen⁺ | 上海正基设计
**主创设计师:** 陈颜、冯国强

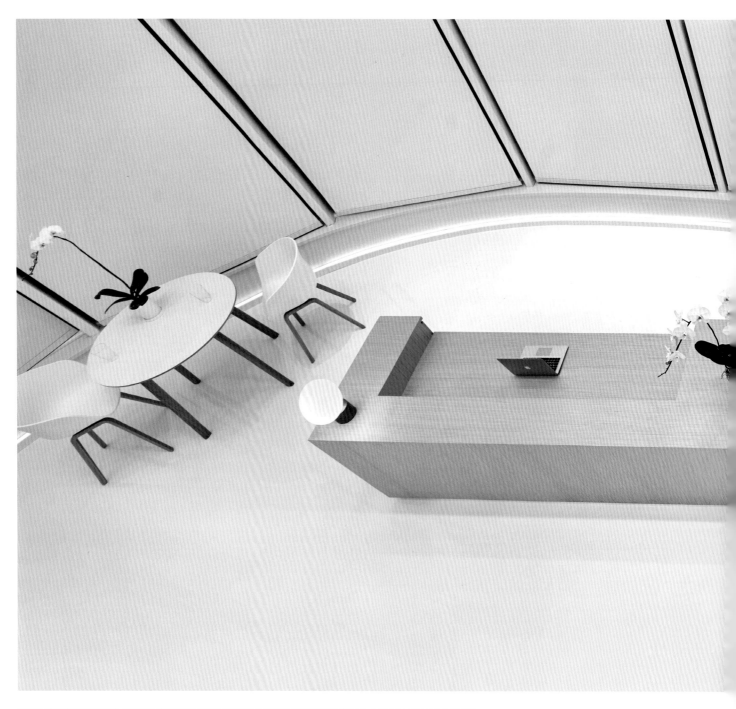

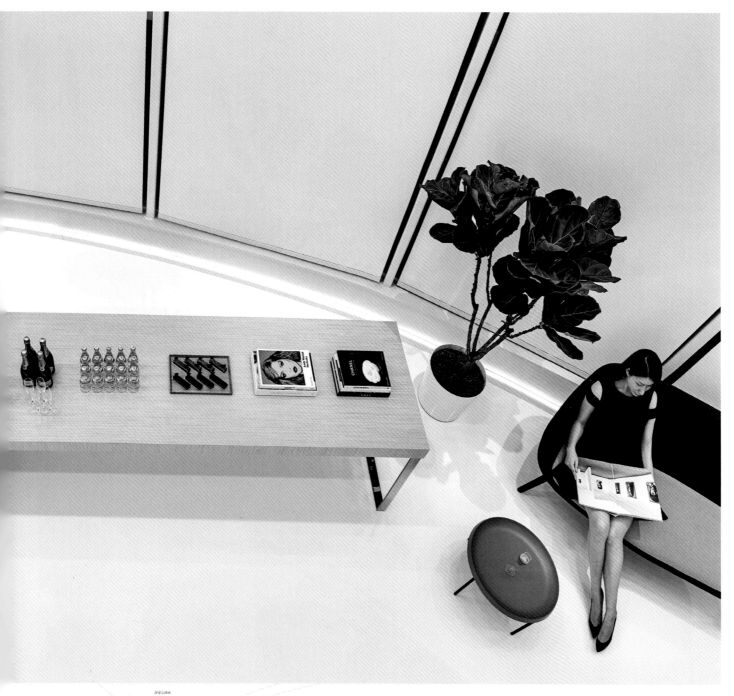

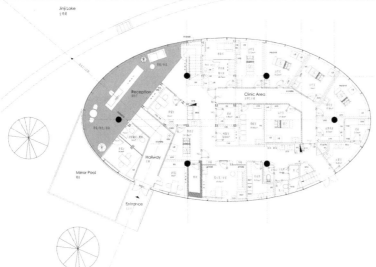

该项目位于苏州金鸡湖畔，位置得天独厚，我们将这个项目定位为"如画廊般的诊所"，设计关键词是"静、净、景"。设计师希望这家诊所拥有独特的艺术气息，使客人步入其中即能感受到优雅和轻松的氛围。

整个建筑为椭圆形平面，设计师在入口处设计了一个醒目的金属雨篷，特意将雨篷的一侧封闭，把视线导向湖景，并在邻湖的一侧设计了一个镜池，

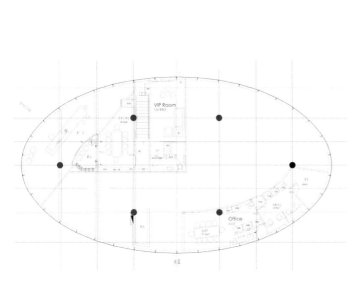

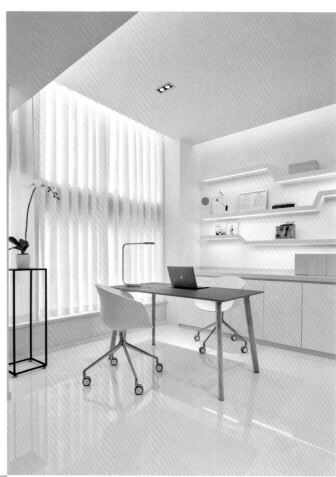

池水从视觉上与湖水相连,把湖水引到脚下。

步入室内,设计师刻意设计了一条封闭的走廊,走廊尽头拐个弯,视线豁然开朗。客人此时正对接待台,接待台的背景是湖景以及湖对岸的地标建筑"东方之门",不论是艳阳天还是烟雨天,都能呈现出不一样的动态画面。

设计师将接待台和布菲台合二为一,满足接待、产品陈列和举办派对的叠加功能。由于建筑层高较高,设计了局部夹层作为 VIP 接待区及办公区,楼梯位于接待大厅一角。客人拾级而上,坐望湖景,一览烟波。

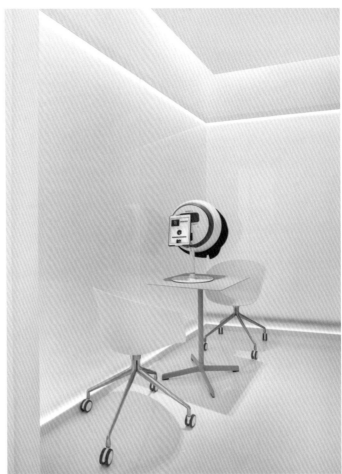

整个诊所接待区、诊疗区分区明确，动线清晰。诊疗区在严格执行国家医疗设计规范要求的基础上进行美学思考，尤其是灯光设计，打破了常规医院的照明形式，墙面与顶面的灯光相结合，无影、柔和。墙面采用易于清洁的光面材料，地面采用无缝抗菌塑胶地板。

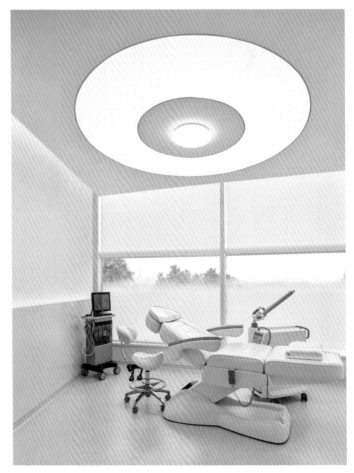

**王怀庄**

亚厦股份直营成都设计研究院院长

浙江亚厦装饰股份有限公司,成立于 1995 年,2010 年 3 月 23 日在深圳证券交易所正式挂牌上市。经过 20 多年的发展,亚厦已拥有 650 余专业设计人员组成的综合性装饰设计研究院。设计院下辖 18 个专业设计分院,并已形成住宅精装修设计研究院、公共空间设计研究院、酒店(会所)设计研究院、博物馆类场馆设计研究院、餐饮娱乐设计研究院、金融类机构设计研究院等专业化设计团队。

*代表作:* 普吉岛卡塔度假酒店、广州罗慕体验旗舰店、青苗儿童口腔全国连锁店、酷班音乐培训全国连锁店、素梧泰式餐吧天鹅湖店。

## 艾萌齿科

编辑:**杨阳**　设计:**王怀庄**　摄影:**贺川**

# A.M. Dental Care

兼顾实用与美学,无声中拉近与每位来访者的空间距离。

项目基本信息
**项目名称:** 艾萌齿科
**项目地点:** 四川,成都
**项目面积:** 390 m²
**设计时间:** 2020 年 10 月
**完工时间:** 2021 年 4 月

设计单位
**室内设计:** 亚厦股份直营成都设计研究院
**主创设计师:** 王怀庄
**软装设计:** EMMA

　　艾萌齿科的业主想要打造一个偏年轻化的现代口腔医疗品牌，更新人们对现有口腔医疗空间的感受。

　　设计团队以"年轻"为主题，首先对配色进行了优化调整。白色与绿色的组合，体现简约质感，营造现代氛围。其次是进行区域创新，在单调的候诊大厅中融入当下正流行的咖啡和饮品区域，吧台的设置改变严肃的就诊氛围，使其更像一个社交空间。

　　一旦说到口腔医疗空间，人们的脑海就会自动跳转到大面积的纯白。艾萌齿科以清新淡雅的绿色背景辅以白色点缀，呈现放松的空间氛围，对就医者的忐忑心理进行无声的安抚。

　　天花板保留原始管道线的粗犷质感，全部漆成绿色，与墙面相连，加强了空间的延伸感。圆润的边角减弱锋利感，形成一种围合，不锈钢的金属线条穿插其中，刚柔并济。

　　光线也在绿色的背景渗透下，摆脱人工感，使空间充满自然气息。四周半遮光的帘子柔化空间，形成一种独特的慵懒感，并确保了诊所的私密性。

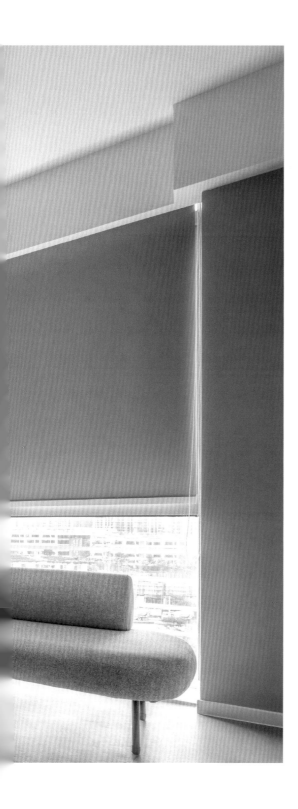

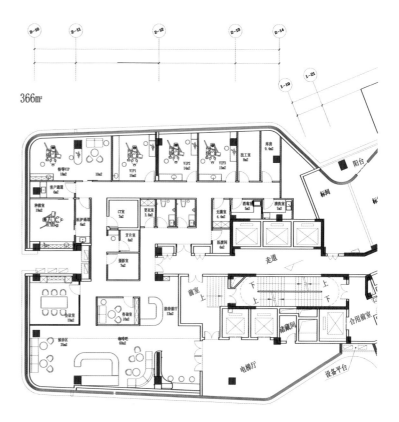

366㎡

在空间布局上，设计师取消入门即前台的传统模式，在入口处保留了原建筑的墙体，将咖啡和饮品功能区延伸至入口。走进空间的斜上方，前台才进入视线，由此产生一种新的空间感受。转角的会诊区虽属于公共领域，但 3 面墙壁充分保证就医者的隐私。空间实用性由此可见。就诊区与等待区仅由弧形墙壁隔断开，形成空间的完整度和共鸣感。就诊室简约大方，光线充足，上下储物柜充分满足储藏需求，并保持了空间整洁与卫生。

整个项目最为核心的是诊室及医疗后场区域的设置，在面积规划与功能安排上，设计团队与业主考察了大量的现有口腔医疗单位，综合利弊，在现有行业面积的要求下，压缩一定比例的前场区域，扩大最为繁忙的运营空间，使工作空间得到高效发挥和利用。同时，设计师也结合实际，为后期运营中可能出现的投资风险问题进行了控制。

**韩伊名**

FIVE SENSE 创始人 & 主理人

**代表作:** 穷游网、Keep、英语流利说、京东金融、出门问问
（AI）、快看漫画、na+、Ala House、亚朵、能量城市。

# FIⅥE SENSE

# 研塑医美

编辑:**蓝山**　设计:**FIVE SENSE**　摄影:**恽伟**

# SKIN TAILOR

打破传统思维，用科技和互联网思维为综合医院赋能。

项目基本信息
**项目名称:** 研塑医美
**项目地点:** 北京
**面积:** 260 m²
**设计时间:** 2020 年 3 月
**完工时间:** 2020 年 10 月

设计单位
**室内设计:** FIVE SENSE
**主创设计师:** 韩伊名
**设计团队:** 孙嘉、奚绍岩
**陈设设计:** FIVE SENSE

其他信息
**材料:** 乳胶漆、石膏模型、水磨石、医用地胶、玻璃

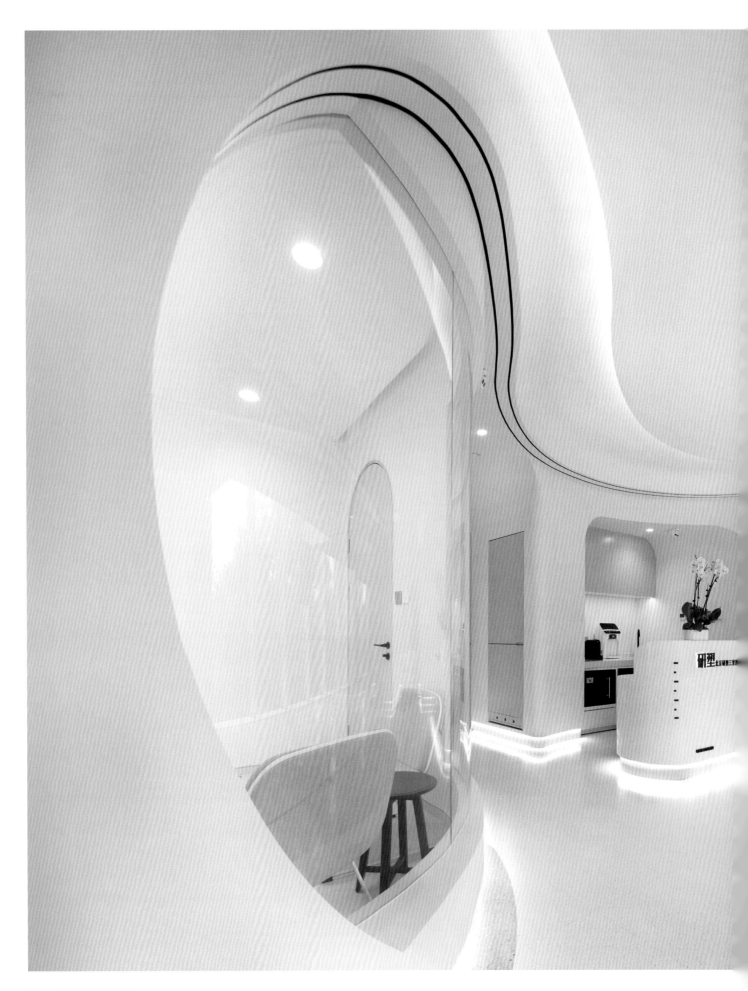

本项目座落于北京高端商圈三里屯太古里北区,定位是医疗属性的美容机构。设计团队希望在设计中传达人们对美和艺术的纯粹追求。这种美应去除粉饰雕琢的痕迹,也应接近自然。干净、简约、纯洁、安静,不失柔美和温度——设计团队如此为项目定下设计调性。

解决功能是设计最基本的要求。260m² 的使用面积,要承载 7 个治疗室、3 个咨询及检测室、办公室、药房、库房、化妆间和拍照间等 19 个独立的功能房间。此外为了提高使用者的体验感,前后场所不交叉,需要双动线通道。在业主专业的使用需求建议指导下,在设计师考量每个

房间的内动线轨迹及家具尺度后,项目终于精彩呈现。

在构思方案的过程中,设计师也引用了业主品牌的 Slogan——Beauty is Science。在设计师看来,视觉美感是感性的,塑造这样的空间,又需要严谨的尺度,这些都来源于现实生活的使用体验和科学数据。整体动线、使用者的行为习惯、人在行动过程中需要留多少周边空间才可以松弛且从容,决定了空间落成后,在此环境中人的使用氛围及和谐程度。设计师借助三维模型,把自己置身其中,反复行走、停顿,体验行走中与周边可能发生的使用关系,从而再继续调整优化空

員工休息室

间模型,从而预知未来呈现的结果。

把研塑医美中心科学、卫生、安全的理念有形地表达出来,营造出消费者对医美空间的联想氛围,实际的体验空间又有意料之外的完美,是本项目设计的追求。

场地和体验的完美结合,才能构建更多的美好记忆与关注,进一步地营造细节,才能构

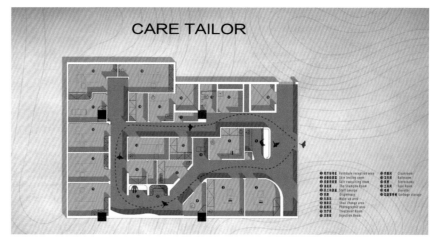

CARE TAILOR

建出一个可信的世界。

所以除了在功能空间上的雕刻，本项目应用的材料品种也很节制：每一处曲面的弧度很舒缓；每一处视觉停顿点的节奏恰到好处；每一处灯光的设定很舒适……无一不是构成一个立体生动空间的要素。

科技安全，是研塑产品最基本的保障。对于这个空间来说，任何增添的和概念无关的细节，都是"丑化"。刻度的图形，是研塑 VI 升级后的一部分，代表用科学的方法来实现精准的控制，给客户带来的是安全感。VI 升级与空间设计几乎同步进行，设计师如此节制的表达，与之不谋而合。

让心回归起点，如此，设计师对外界的感知将更加敏锐。也希望设计师的设计，能够唤起对万物、对自然、对环境原始的情感反应，唤起好奇心。节制的装饰元素，也给空间留有更多的想象，设计师对美的追求和期待，不会停止。◢

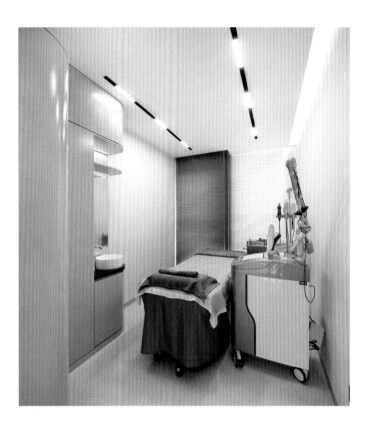

# Solution

富美家医疗空间解决方案 |  FORMICA®

## 公共区域

### 大堂 & 问询台

人们对医院的第一印象是非常重要的, 良好的设计能让人多一份安定的感觉。

同时, 对于这些高人流量的区域, 材料的耐用性也是非常重要的参考标准。

**主要需求:**
良好的第一印象
耐用性
问询台私密性
**产品推荐:**
问询台: 色丽石®
问询台: 富美家®装饰高压面板洁菌板
墙面: 富美家®装饰高压面板洁菌板/富美家®抗倍特®洁菌板
柱体: 富美家®抗倍特®洁菌板

### 挂号收费、药房

该区域是人员频繁流动的场所, 台面的耐用性及卫生状况非常重要。

**主要需求:**
台面的整洁、耐用、易清洁
立面设计感
**产品推荐:**
台面: 色丽石®
墙面: 富美家®抗倍特®洁菌板
室内门饰面: 富美家®装饰高压面板洁菌板

### 公共卫生间

公共卫生间使用频繁且需要保持卫生状态良好。一个干净、整洁的卫生间给人舒心的感觉, 此空间设计需要特别关注材料的防霉防潮性。

**主要需求:**
易清洁
防潮抗霉菌
坚固耐用的材料
**产品推荐:**
隔断&隔板: 富美家®抗倍特®洁菌板
洗手台: 色丽石®
室内门饰面&柜体: 富美家®装饰高压面板洁菌板

## 诊疗区域

# 公共走道

公共走道人流量极高,在保持卫生、耐用的同时需要防止被一些设备、推车碰撞,并能满足消防安全要求。

**主要需求:**
良好的阻燃性
耐用、耐撞击
易清洁
抗菌防霉
施工便捷
**产品推荐**
墙面系统: 富美家®抗倍特®洁菌板
墙面系统: 火立克®+洁菌板

# 诊室 & 治疗室

诊室 & 治疗室的设计,应满足医生、患者等不同群体的需求,同时考虑功能实用性和体验舒适性。

**主要需求:**
诊室&治疗室家具在材质方面应体现医疗空间的专属特性,比如环保耐用、易清洗、抗磨损,能降低医院运营成本等。
**产品推荐:**
家具: 富美家®装饰高压面板洁菌板
室内门饰面: 富美家®装饰高压面板洁菌板
洗手台: 色麗石®

## 检验区域

# 实验室、化验室、培训教室

这类区域经常与医用化学品接触,普通的台面无法抵御化学品的侵蚀,短时间内就会造成台面被腐蚀破坏,从而影响使用。这类区域需要专业级抗化产品来满足使用要求。

**主要需求:**
台面抗化学试剂
**产品推荐:**
实验室台面: 富美家®特抗板
演示墙板: 磁性板

## 病房区域

### 护士站、护士配药区

这类区域的空间布局和装修设计,不仅要完善其使用功能,保障护士站的安全、高效,还要为医务人员及患者营造出一个温馨舒适的工作和诊疗环境。

**主要需求:**
洁净
易清洁
温馨色彩
抗化学-配药区
**产品推荐:**
护士站/墙面造型: 色麗石®/富美家®抗倍特®洁菌板
护士站: 富美家®装饰高压面板洁菌板
配药区: 富美家®特抗板™

### 病房走道 & 病房

这类区域的设计不再只运用简单、冰冷的色系,"酒店式"的设计趋势,带给患者"家"的感觉。病房入口一般还配备功能性家具。

**主要需求:**
坚固耐用
酒店式设计
**产品推荐:**
墙面系统: 富美家®抗倍特®洁菌板
墙面系统: 火立克®+洁菌板
家具: 富美家®装饰高压面板洁菌板

## 办公区域

### 办公室走道、休息区、会议厅

在办公区域的设计风格上,需要自然、简洁、实用,从而构筑一个宁静的办公空间。在办公休息场所,小道具的点缀也能营造一个轻松的氛围,帮助医护人员缓解压力。

**主要需求:**
风格简洁
光线明亮
**产品推荐:**
墙面&家具: 富美家®装饰高压面板洁菌板
台面: 色麗石®